道法自然——

2022年北京冬奥会张家口赛区生态廊道景观设计实践与技术应用

曹胜昔 赵海明 宋志永 郜鹏 著

天津大学出版社
TIANJIN UNIVERSITY PRESS

序言

奥运可持续发展与生态再造的中国式实践

2022 年立春，冬奥会在北京、延庆和张家口三个赛区如期举办。一场简约、安全、精彩的奥运盛会完美地呈现在世人面前。14 亿中国人触碰了冰雪的活力与魅力，世界也看到了奥运可持续发展的中国式决心与实践。

北京 2022 冬奥会在国家新的发展理念下，在科技创新的支撑下，诠释了奥林匹克运动与中国可持续发展观的结合，是一次为国际社会提供借鉴参考的中国实践。在这个实践的背后是冬奥场馆与赛区环境建设者们的艰辛付出。

作为北京冬奥会张家口赛区和北京首钢滑雪大跳台的设计总负责人，我有幸与很多参与冬奥建设的规划设计团队有深入的接触和合作，也由此了解到了中国兵器工业集团北方设计院生态景观设计团队在张家口赛区生态环境系列建设工程中的精工与匠心。

在 4 年的时间里，北方设计院张家口赛区冬奥项目设计团队基于对国家生态文明建设的深刻理解，对北京冬奥会创新可持续发展理念的坚定信心，与千千万万建设者一起投身到张家口赛区生态环境建设工程中，先后完成崇礼冬奥会"三场"区域绿化、崇礼城区至太子城冰雪小镇生态风景廊道公园、崇礼北高铁站周边区域绿化等生态景观项目的规划设计工作，运用科技手段开展当地的生态修复和景观提升。他们不辞辛苦地走遍崇礼的沟沟坎坎，深入山村广泛征求原住民意见，最大限度延续朴素的人居传统，保护本真的生态环境，打造具有动人色彩和感人温度的中国北方山地景观。他们的工作创造了"自然之美"与"乡野之情"交织的冬奥生态风景廊道，将绿色冬奥的景观画卷贡献给奥运可持续发展与生态再造的中国式实践。

这种可持续发展与生态再造的实践体现在服务于"常人"，服务于"常人"的日常生活。本次北京冬奥会与过往最大的不同，在于不仅考虑如何做一个盛会，而且更加关注长期的可持续利用。冬奥场馆设施以及场馆周边的生态环境都是冬奥遗产，它们不仅要服务于运动员这样的"超人"，更要服务于居民与游客这样的"常人"，实现场馆规划设计中赛时竞赛任务与赛后日常任务的无缝融合。任何一个实现这种无缝融合的好设计都必须源于生活，归于生活。好的竞赛场馆的环境设计，一定是与生于斯、长于斯、居于斯、乐于斯的百姓紧密相连的。北方设计院张家口赛区冬奥项目设计团队的工作在这方面做出了表率。

在他们卓有成效的努力下，张家口赛区所在地曾经脆弱的山地生态实现了体育与自然的和谐相融、环境与生活的互助互成、冰雪与山水的美美与共。这是北方设计院张家口赛区冬奥项目设计团队为崇礼留下的冬奥可持续遗产，也是规划设计师们留给华北山地人们的美好礼物。

张利

全国工程勘察设计大师
清华大学建筑学院院长

前言

FOREWORD

道法自然向未来

2022 壬寅虎年，立春之日，第 24 届冬季奥运会在首都北京盛大开幕，开场中舞台上的蒲公英种子飞向天空、撒满大地，为全球观众呈现了田野上的希望和未来的梦想，结尾处冬奥火炬台上的一片片雪花汇聚在一起，传递着全球的共情同心，燃烧起生生不息、面向未来的冬奥之火，开启了构建人类命运共同体的崭新篇章。4 年多前我和我的团队在北京冬奥会张家口赛区开启了人生的梦想之路、生态文明的绿色之旅，对这 4 年多的时光我们倍感珍惜，并感到无上荣光。

北京、张家口的"双城冬奥"是京津冀协同发展的点睛之笔，作为中国兵器工业集团驻冀央企中的成员，2018 年以来，我和我的团队积极践行国家战略，以强烈的责任感和使命感，投身到 2022 年北京冬奥会张家口赛区一系列的生态环境建设工程和科研课题中，用实际行动践行"绿水青山就是金山银山"的理念，秉承"绿色办奥、共享办奥、开放办奥、廉洁办奥"的理念，围绕"简约、精彩、安全"的办赛要求，先后完成崇礼冬奥会"三场"区域绿化、崇礼城区至太子城冰雪小镇生态风景廊道公园、崇礼北高铁站周边区域绿化等生态景观项目的规划设计工作，为赛区营造优美的自然环境，绘制绿色冬奥的景观画卷，交出我们的生态冬奥答卷。

在五千年的文明长河中，中国人心中的山水既有《关山行旅图》中的险峻辽阔，也有《踏歌图》中"丰年人乐业，陇上踏歌行"的欢快与野趣。这些图景是人与自然的和谐共生，是对万物的理解与尊重。在进行冬奥项目设计的过程中，我们希冀以设计的力量恢复山水依旧、飞鸟还林的景象，呈现出道法自然、守正创新的中国传统哲学意境，构建具有生物多样性的生态之美，实现可行、可望、可居、可游，与自然环境互惠互利、共生共融；尊重自然地理之美、人文历史之源、农耕传统之貌，展示出"虽由人作，宛自天开"的北方山水意境，描绘出"一起向未来"的绿色冰雪景观画卷。

"清风明月本无价，近水远山皆有情。"所谓"冀"者，希望也，新时代开启新征程，用设计点亮未来。

曹胜昔

河北省工程勘察设计大师
项目总负责人

写于岁次壬寅立春之时，2022 冬奥会开幕式后

编委团队

EDITORIAL TEAM

本项目主要参与者

总负责人： 曹胜昔、宋志永
项目负责人： 赵海明、郜鹏
生态景观专业： 张涛、解旭东、孟凤、薛蕊、杨家牧、逯诗雪、刘婷、刘盼、孟繁曦、封成佳、梁晨乐等
建筑及设备专业： 郑小东（北京林业大学）、程蔚媛、陈艾文、苏毅、柳松、郝国镜、李栋、高志辉等
勘察及地理信息专业： 杨昌绣、姬志杰、原瑞红、秦良、刘之才等
数字技术开发专业： 李岩松、王江悦、王建博、刘博阳等
智能控制专业： 马永战、何伊川、贾小峰等

特别感谢：

河北省科学技术厅，张家口市人民政府，张家口市崇礼区人民政府，张家口市崇礼区四台嘴乡人民政府，张家口市崇礼区林业和草原局王日红、牛志刚、康秀亮、杨建忠、郝爱、王利华、陈涛，河北省林业和草原调查规划设计院陈立标，河北省城乡规划设计研究院郝红晖，河北省林业和草原科学研究院黄印冉，石家庄市园林局马孟良，张家口市林业和草原局许荡非，国家半干旱农业工程技术研究中心滕慧颖等同仁在本项目实施中给予的支持和指导。

目录

CONTENTS

项目概况
PROJECT OVERVIEW

1.1

项目背景

2022 年北京冬奥会分为北京、延庆和张家口 3 个赛区。其中张家口赛区进行自由式滑雪、单板滑雪、越野滑雪、跳台滑雪、北欧两项、冬季两项等共计 2 个大项 6 个分项 51 个小项的比赛，产生 51 枚金牌。

张家口赛区位于张家口市崇礼区。为了更好地保障冬奥会筹办，展示赛区良好形象，实现地方可持续发展，秉承"绿色办奥、共享办奥、开放办奥、廉洁办奥"的理念，围绕"简约、精彩、安全"的办赛要求，崇礼区持续加大生态建设力度，全区森林覆盖率从 2015 年的 50.22% 提高至赛前的 67%，赛事核心区森林覆盖率达 80% 以上。据测算，冬奥会期间注册人员将有 55% 在太子城核心区住宿，45% 在崇礼城区住宿，为保障崇礼城区与太子城核心区之间的交通便捷，在原有道路一侧进行扩建并增加了防洪设施，规划了骑行、步行与游憩功能，该条 18 km 长的道路既实现了连接两区的主要交通功能，也是体现绿色冬奥的重要公路景观廊道。

项目团队通过开展工程建设后的植被恢复、矿山废弃地的土壤改造、禁牧后的林草重建、弃耕地的复垦等生态恢复工程研究，汇聚了多学科技术研发与集成应用，探索出适宜高寒干旱地区的景观构建和生态设计方法。

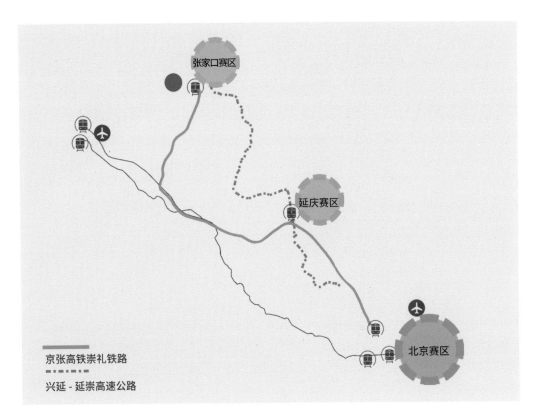

1.2

地理区位

张家口赛区生态廊道位于张家口市崇礼区规划"三沟两城三线"最南端的马丈子沟，西起崇礼客运枢纽，东至太子城冰雪小镇，全长约 18 km，位于冬奥重点景观区域内，景观规划范围约 5 km²，生态修复范围约 19.5 km²，是连接崇礼城区与太子城组团的重要景观廊道。

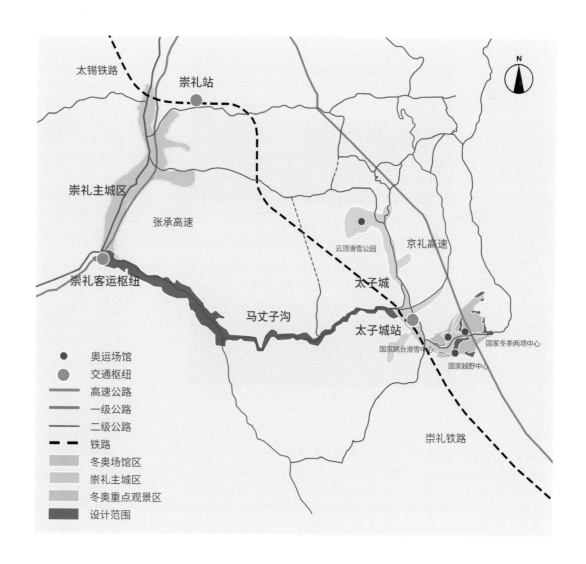

1.3

基底研究

廊道全长约 18 km，规划总面积约 5 km²。地势西低东高，海拔在 1 210 m（崇礼城区）至 1 560 m（太子城组团）之间，地貌形态为山谷，西段较为开阔，东段较为狭窄。

场地地貌特征丰富多样，为了全面掌握基质条件，项目团队对场地开展了系统性的调研，采用了多种技术手段，既有传统的踏勘采样分析，又有基于 GIS（地理信息系统）技术开发的遥感遥测、三维多光谱成像与建模技术等多种数字化手段，打通多模多源数据孤岛，尽可能获取全面丰富的基础数据，建立示范区的景观恢复全过程数据库。

　　□ 景观构建范围

　　□ 生态修复范围

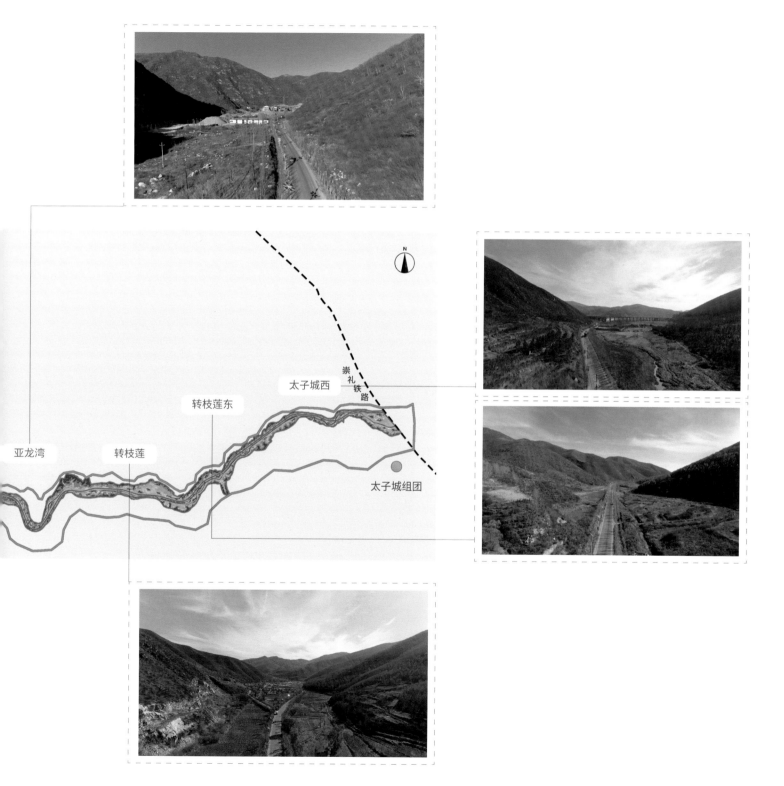

亚龙湾

转枝莲

转枝莲东

太子城西

崇礼铁路

太子城组团

现状数据采集与分析

（1）地质勘察

项目所在场地属中山区，从地貌形态上可以分为山地和沟谷两个分区。根据勘察结果，本场地浅表层多被第四系松散坡积物及冲洪积物覆盖，局部区域基岩出露。根据野外地质调查，本场地内及附近未发现大型断裂及褶皱构造发育。

场地范围内分布的地层根据地质年代由老至新为：第四纪残坡积层、第四纪冲洪积层、人工堆积土层。其中，人工堆积土层主要分布在场地地形相对平坦的山间沟谷地带，第四纪冲洪积层主要分布在场地地形相对平坦的山间沟谷地带，第四纪残坡积层主要分布在场地南部区域斜坡地带。

岩石边坡

土质边坡

耕植土
碎石土

碎石土边坡

碎石土地层

（2）土壤化验

对非建设区场地采取网格化划分检测单元，通过对项目场地 12 个检测单元表层土壤的 5 项主控指标及 13 项土壤肥力指标进行统计分析（见下表）可看出，本场地表层土壤为碱性至强碱性，全盐量较高，土壤 pH 值及全盐量不满足主控指标要求；表层土壤中磷、钾、钙等含量丰富，满足绿化种植土壤肥力的基本技术要求。

取样地主控指标统计分析表

检测单元	指标要求				
	pH	全盐量 /(g/kg)	有机质 /(g/kg)	质地	土壤入渗率 /(mm/h)
	5.0 ～ 8.3	≤ 1	12 ～ 80	—	≥ 5
N1	(8.8)	0.8	16.2		—
N2	(8.8)	(2.5)	[11.0]		—
N3	(8.5)	(1.5)	16.4		—
N4	(8.8)	(1.2)	[10.4]		—
N5	(8.5)	(1.8)	16.1		—
N6	(8.7)	(1.7)	18.8		—
N7	(8.6)	(2.4)	19.7	以粉土为主，有砂感，局部含小碎石	—
N8	(8.6)	(1.6)	17.4		—
N9	(8.7)	0.8	15.2		—
N10	(8.5)	(1.6)	12.6		—
N11	8.3	0.8	16.0		—
N12	(9.1)	(1.5)	[11.9]		—
最大值	9.1	2.5	19.7		—
最小值	8.3	0.8	10.4		—
平均值	8.7	1.5	15.1		—

注："（ ）"表示高于规范规定的上限值，"[ ]"表示低于规范规定的下限值。

取样地土壤肥力指标统计分析表

检测单元	指标要求												
	阳离子交换量/[cmol(+)/kg]	水解性氮/(mg/kg)	有效磷/(mg/kg)	速效钾/(mg/kg)	有效硫/(mg/kg)	有效镁/(mg/kg)	有效钙/(mg/kg)	有效铁/(mg/kg)	有效锰/(mg/kg)	有效铜/(mg/kg)	有效锌/(mg/kg)	有效钼/(mg/kg)	可溶性氯/(mg/L)
	≥10	40～200	5～60	60～300	20～500	50～280	200～500	4～350	0.6～25	0.3～8	1～10	0.04～2	>10
N1	14.6	[19.6]	11.4	145.0	24.0	53.1	335	28.3	(30.6)	3.48	[0.99]	0.31	297
N2	10.2	[23.2]	8.1	159.0	[19.5]	[38.0]	341	41.3	12.6	6.26	[0.65]	0.36	241
N3	16.8	[25.6]	20.9	246.0	25.3	57.0	331	43.4	(73.8)	5.05	1.81	0.21	261
N4	14.2	[16.2]	13.2	155.0	[17.8]	51.3	351	22.2	9.42	3.09	[0.49]	0.37	289
N5	12.4	[22.8]	7.4	284.0	20.5	[31.5]	343	25.8	(63.7)	3.85	1.68	0.11	257
N6	13.4	[21.7]	20.4	90.3	[17.5]	[40.6]	365	23.8	(41.2)	2.77	1.08	0.22	218
N7	17.8	[19.0]	37.6	162.0	32.0	122.0	317	57.5	(67.7)	5.53	2.72	0.40	263
N8	14.0	[20.9]	9.4	186.0	21.0	[40.6]	362	22.5	(56.3)	3.12	1.60	0.17	539
N9	16.8	[24.6]	18.3	119.0	26.0	[45.9]	331	30.4	(52.5)	3.38	1.12	0.26	239
N10	14.0	[25.6]	34.6	260.0	26.7	51.4	353	18.2	(46.7)	3.18	1.50	0.21	291
N11	15.8	[21.4]	17.6	149.0	[17.0]	[39.1]	346	12.2	(27.0)	2.80	[0.58]	0.28	263
N12	12.1	[18.0]	17.6	(1890.0)	46.8	66.8	360	4.98	11.8	2.53	2.28	0.31	315
最大值	17.8	25.6	37.6	1890.0	46.8	122.0	365	57.5	73.8	6.26	2.72	0.40	539
最小值	10.2	16.2	7.4	90.3	17.0	31.5	317	4.98	9.42	2.53	0.49	0.11	218
平均值	14.3	21.6	18.0	320.4	24.5	53.1	345	27.5	41.1	3.75	1.38	0.27	289

注：" ( ) "表示高于规范规定的上限值，"[ ]"表示低于规范规定的下限值。

（3）植物多样性评估

在研究范围内，根据用地类型的不同选取荒草地样方 16 个，林地样方 8 个，退耕还林地样方 16 个，共计 40 个小样方（1 m x1 m）进行草本层植物调研，记录小样方中出现的每种植物的名称、高度、盖度及小样方的总盖度。通过对研究区域植被调查研究，发现崇礼的野生植物有 80 科 301 属 553 种之多，其中草本植物占总数的 91%。

荒草地样地主要为草本植物群落，未见乔木类型植物，主要为灌木状榆树，平均盖度为 8.25%。

重要的草本植物主要为茵陈蒿、刺儿菜、香薷。

荒草地样地样方 1

荒草地样地样方 2

荒草地样地样方 3

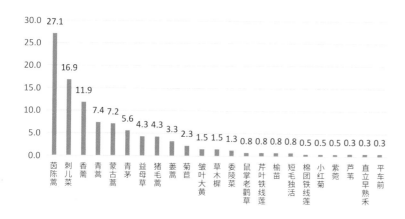

荒草地样地草本相对盖度（%）

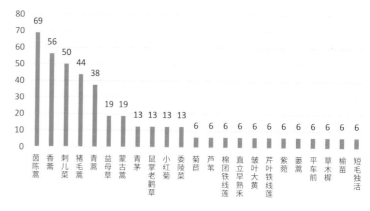

荒草地样地草本频度（%）

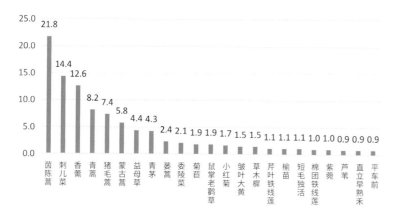

荒草地样地草本重要值（%）

注

（1）相对盖度指群落中某一物种的分盖度占所有分盖度之和的百分比。

（2）频度指某种在调查范围内出现的频率，按该种所出现的样方数占样方总数的百分比来计算。

（3）草本重要值：$S_i = (F_i + C_i)/2$

F_i= 某个物种频度 / 草本生活型植物的总频度 ×100%

C_i= 某个物种的覆盖面积 / 草本生活型植物的总覆盖面积 ×100%

林地样地主要为樟子松群落，其中乔木为樟子松和华北落叶松，平均盖度分别为 72.5% 和 15%。

重要的草本植物主要为茵陈蒿、早熟禾、小红菊。

林地样地样方 1

林地样地样方 2

林地样地样方 3

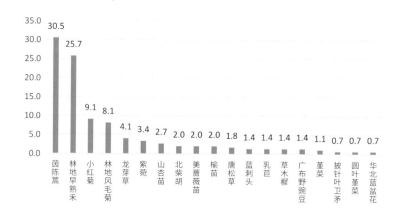

林地样地草本相对盖度（%）

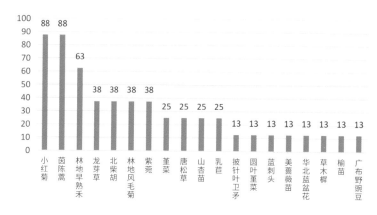

林地样地草本频度（%）

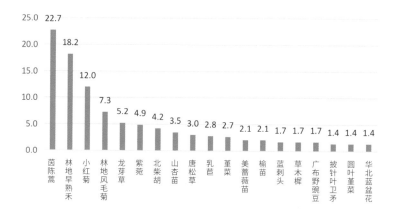

林地样地草本重要值（%）

注

（1）相对盖度指群落中某一物种的分盖度占所有分盖度之和的百分比。

（2）频度指某种在调查范围内出现的频率，按该种所出现的样方数占样方总数的百分比来计算。

（3）草本重要值：$S_i=（F_i+C_i）/2$

　　　$F_i=$ 某个物种频度 / 草本生活型植物的总频度 ×100%

　　　$C_i=$ 某个物种的覆盖面积 / 草本生活型植物的总覆盖面积 ×100%

退耕还林样地中乔木为白杆、榆树、槭树，平均盖度分别为 45%、
11.25%、10%，灌木为土庄绣线菊，平均盖度为 3.75%。

重要的草本植物主要为茵陈蒿、青茅、辽藁本。

退耕还林样地样方 1

退耕还林样地样方 2

退耕还林样地样方 3

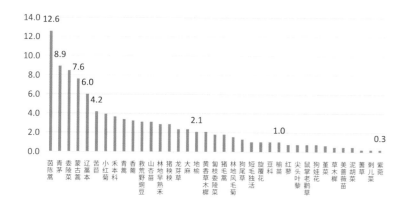

退耕还林样地草本相对盖度（%）

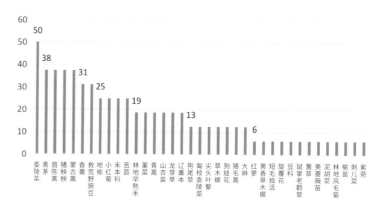

退耕还林样地草本频度（%）

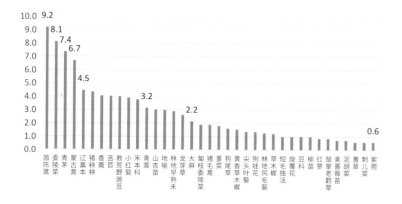

退耕还林样地草本重要值（%）

注

（1）相对盖度指群落中某一物种的分盖度占所有分盖度之和的百分比。

（2）频度指某种在调查范围内出现的频率，按该种所出现的样方数占样方总数的百分比来计算。

（3）草本重要值：$S_i = (F_i + C_i)/2$

　　F_i = 某个物种频度 / 草本生活型植物的总频度 ×100%

　　C_i = 某个物种的覆盖面积 / 草本生活型植物的总覆盖面积 ×100%

景观特征分析

"冬奥生态景观廊道"所在区域风景资源较为多样，"山—水—林—田—草"景观空间格局已显雏形。本项目最大限度地发掘现有自然条件的优势，强化山水林田格局，"宜田则田，宜林则林"，在恢复自然本底的基础上，"依山就水，道法自然"，模仿自然群落特征进行种植及景观设计，提升廊道整体的生态性、观赏性、游憩性。

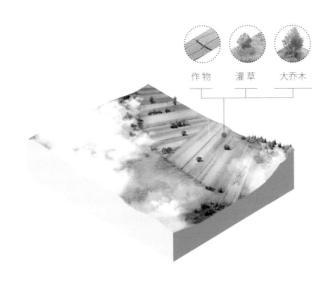

作物   灌草   大乔木

农"田"景观 —— 强化现有农田肌理

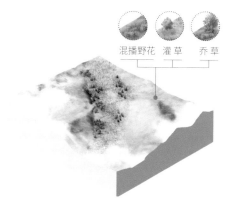

混播野花　灌草　乔草

"草"地景观 —— 使用当地草本花卉

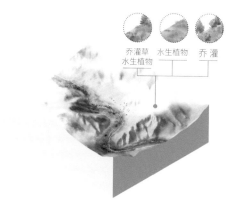

乔灌草　水生植物　乔灌
水生植物

"水"体景观 —— 梳理扩大河流水体

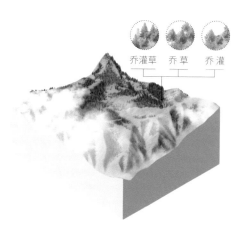

乔灌草　乔草　乔灌

"山"体景观 —— 修补修复残缺山林

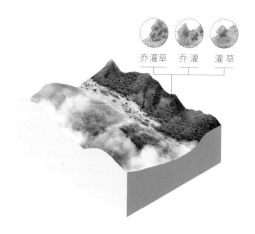

乔灌草　乔灌　灌草

"林"缘景观 —— 重建自然生态林缘

生态敏感性分析

在现场调研分析的基础上，运用 GIS 对场地进行生态敏感性分析。数据为当地测绘地形图、分辨率为 30 m 的遥感影像和 landsat8 卫星遥感数据。通过对数据进行处理，生成规划场地的 DEM 数据，再分别进行各单项因子分析评价。

由 GIS 高程分析可知，项目高程从 1 140 m 至 2 170 m，由西到东逐渐升高。

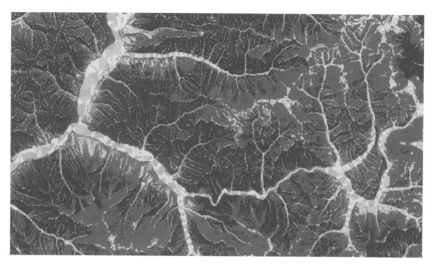

由 GIS 坡度分析可知，廊道区域用地坡度在 10°～ 50°。

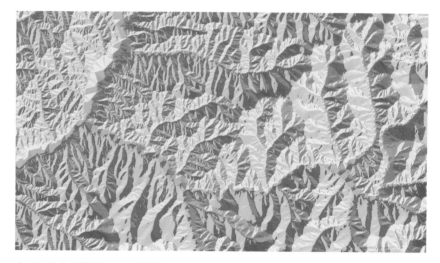

由 GIS 坡向分析可知，廊道区域主要为西南坡，其次是南坡和东北坡。

由 GIS 日照辐射分析可知，项目地光照充足。

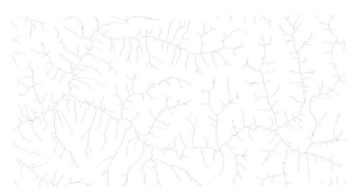

由 GIS 汇水分析可知，项目地沿线有多个汇水区域。汇水密集区域集中
在二道营和马丈子沟附近。

由 GIS 植被覆盖度分析可知，项目区域的植被覆盖率大多在
30%～40%，覆盖率普遍较低。

汇总各单因子图，计算研究区生态敏感性综合指数。经计算，冬奥生态风景廊道的生态敏感性综合指数值在 1～4。按照聚类分析的自然间隔分类法((Jenks)将生态敏感性综合指数分为5级，得出廊道生态敏感性分级图。

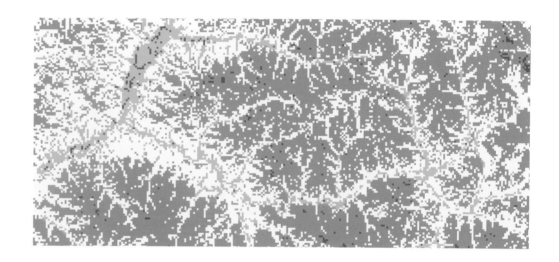

生态敏感性分级评价表

敏感性等级	高敏感性	较高敏感性	中敏感性	较低敏感性	低敏感性
评价值	5	4	3	2	1
百分比	0	6.46%	50.70%	42.30%	0.54%

由敏感性分级图和评价表可知，该地区无高敏感性区域，中敏感性地区占总体面积的50.70%，较低敏感性地区占总体面积的42.30%，均匀分布在场地之中。该区域包括水系，靠近山体林地，生态承受能力一般，容易受干扰与破坏。较高敏感性区域主要集中在三道营、马丈子及转枝莲周边，该地区包括村庄与道路，人类活动频繁，生态环境比较容易改变。低敏感性区域占地面积较小，分布在头道营地区，远离村庄、水系与林地，使得生态敏感性大大降低。

目标与策略

OBJECTIVES AND STRATEGIES

2.1

问题与挑战

崇礼城区至太子城冬奥核心区公路廊道周边自然景观架构较好，但是受当地的自然条件和人为因素的影响，不可避免地存在着植被破碎、林带残缺、边坡破损、景观单一及生物多样性不足等问题。近年来崇礼区大力开展生态环境建设，森林覆盖率达到 67% 以上。但客观存在的气候干旱、土壤瘠薄、土地盐碱化等因素，也给当地的植树造林带来诸多挑战，此外，由于缺乏整体规划，也间接造成廊道两侧局部林带缺失、沿线景观单一等问题。随着冬奥配套工程的陆续开工建设，道路拓宽改线、配套管线的敷设、河流的治理、村庄的搬迁等也对廊道生态环境造成不同程度的扰动和破坏，需要在工程完工后对廊道生态环境进行系统恢复。

（1）植被破碎、林带残缺、景观单一

冬奥廊道沿线由于寒冷干旱、土壤瘠薄等自然因素造成局部林带残缺，整体植被破碎。此外由于当地小气候明显，北方常用园林树种多数在当地无法成活，也导致了廊道沿线林相单一、植物多样性不足等问题。

植被破碎

退耕还林地

林带残缺

（2）边坡破损、岩土裸露

公路拓宽、配套管线敷设、河道治理、村庄搬迁、矿山开采等工程的建设对原有环境造成不同程度的破坏，导致出现了廊道沿线植被破碎、边坡受损不稳定等安全问题。此外，管线施工回填土多为渣土，给后期的生态恢复也带来挑战。

配套管线敷设

村庄搬迁

河道治理

矿山开采

（3）湿地破坏

公路改线施工还使得道路沿线的几处湿地遭到扰动，生态环境的恢复需要大量的资金和时间投入。

（4）游憩服务设施缺乏

随着冬奥会的举办和当地户外冰雪旅游的开展，作为连接崇礼主城区和赛事核心区的主要廊道，严重缺乏游憩休闲配套设施。

2.2

设计目标

党的十九大报告指出，"建设生态文明是中华民族永续发展的千年大计"、"统筹山水林田湖草系统治理，实行最严格的生态环境保护制度，形成绿色发展方式和生活方式，坚定走生产发展、生活富裕、生态良好的文明发展道路"。

因此本项目的设计目标是：以 "山水林田湖草系统治理"为指导思想，突出崇礼独特气候条件下形成的山川风貌，修补碎片化的现状景观，实现三生空间的共生共融，形成以"自然之美"与"乡野之情"为特征、同时保证"两区"之间景观连续性的生态风景廊道。

以山水林田湖草系统治理为指导思想

∨

以三生空间为统筹

∨

· 生态共生 ·	· 生活共享 ·	· 生产共赢 ·
确定保护和开发强度 统筹山水林田湖自然资源	以近自然风景林带形成原生体验 体现张家口地域文化和冬奥特色	推动沿线农业生产转型 带动乡村振兴和区域可持续发展

∨

生态景观廊道

2.3

设计策略

从人因工程学科角度开展系统分析，以此为生态景观设计方法之一，系统考虑不同人群对远中近空间环境尺度的感知，从分析视、听、触、闻入手，强化人的体验感，进而让参与者在心灵深处对绿色、共享、开放办奥产生潜移默化的认同感。

以恢复生态学理论为指导，选择未被人工干扰的生态系统作为参照目标，以恢复功能为中心建立分析评估体系，借鉴当地林业、农牧业多年积累的实践经验，国内先进的工程范例与理论研究，参照国际生态恢复学会（SER）推出的工程管理指南，采用适地的景观设计方案，适宜的技术措施实现生态目标，对场地赛后群落生态恢复、自然演替、动物活动、民众参与开展持续监测，获取实时数据，为后期维护与科学评估提供技术支撑。

（1）植被策略

平地：山林延续

保留现状长势良好的植被，增加林盘形成山林的延伸，同时起到使南北两侧山林相联系并形成连续植被体系的作用。

坡地：植树营林

延续现存种植形式，补充林地种植，丰富物种的组成和年龄结构，并在适当位置增加林相特征，局部点缀花灌木及灌丛地被，强化物种间的生态交互作用，形成生态屏障。

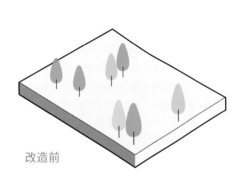

改造前

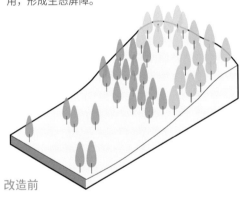

改造前

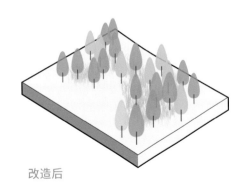

改造后

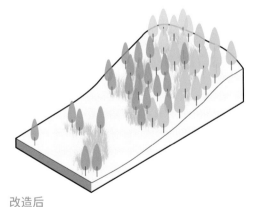

改造后

（2）河流、湿地策略

利用场地现状生态基底,师法自然,低干预、轻介入，达到生态治水的目标。通过梳理河道基底、增加连通度，让水系与公路、骑行道、游憩设施相伴相随，通过扩大现有湿地面积、丰富空间层次、创造特色景观节点等措施来突出河流生态性和景观性。采用原生植被组合，打造近自然植物群落，以固定河岸土壤，营造湿地生境，为野生动物提供觅食、栖息和筑巢的场所。

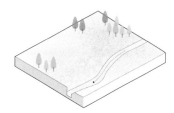

梳理
梳理现状河道基底和驳岸

软化
对河岸进行覆绿

串联
连接河道和场地现有湿地

延伸
扩大湿地面积

层次
利用岛屿和跌水形成层次丰富的空间结构

挖填
通过挖填创造丰富的地形景观

节点
创造特色景观节点

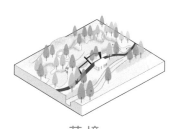

营境
营造动植物生境

（3）三生空间的共生共融

策略一：近远期结合 差异化实施
充分考虑村庄赛时景观效果和赛后土地利用；
沿路打造近自然风景林带，村庄内部进行临时覆绿。

策略二：近自然风貌 乡土化特色
以疏林草地为主导景观形式，保证风景道近自然的整体景观风貌；
采用乡土植被，突出地域特色。

策略三：三生共融 田园风光
调动当地村民、政府管理部门、行业专家共同研讨廊道内涉及的村庄搬迁、农业种植方案的经济可持续性，对村庄周边耕地进行统一规划，对弃耕地进行恢复，种植观赏性、经济性农作物，统筹考虑后奥运时期的生产生活与旅游服务。

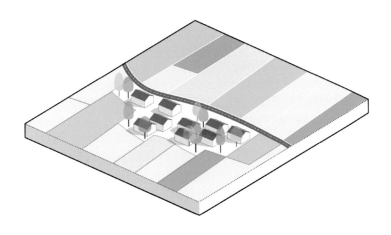

改造前
村庄和闲置土地

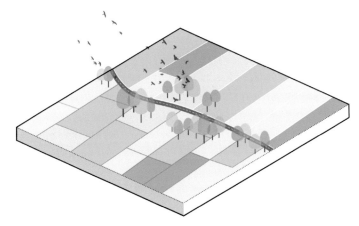

改造后
临时绿地快速实现景观效果
永久绿地近自然低维护

（4）边坡修复策略

通过工程技术措施对坡度较大的裸露边坡进行生态修复，并采用恰当的养护措施，保护目标植物和目标群落，使其逐步向自然群落过渡，最终形成一个可自我更新、循环和演替的稳定高效的生物群落。

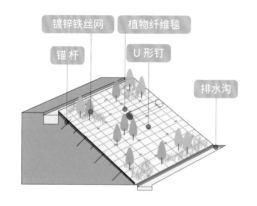 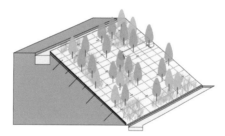 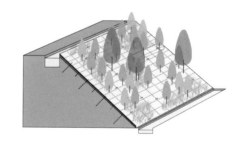

镀锌铁丝网　植物纤维毯　锚杆　U 形钉　排水沟

近期目标
草本为主
灌木为辅

中期目标
灌木为主
草本为辅

远期目标
灌草为主
乔木点缀

（5）慢行系统策略

全长约 18 km 的慢行系统串联起"山水林田湖草"等不同景观类型，与自然环境融为一体，为游人提供乡野质朴的自然风光体验。

沿线设置若干休闲驿站，配套卫生间、售卖机、自助医疗等设施，可满足游客的休憩、观景等需求。通过在路面喷绘彩色标线、整千米数，结合导视牌，形成完整的慢行系统标识体系。

为最大限度减少人工设施对自然环境造成的影响，除选用当地乡土材料外，还将野生动物友好设施纳入设计考量之内。

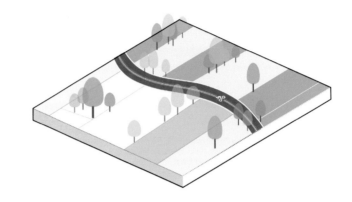

串联：农田

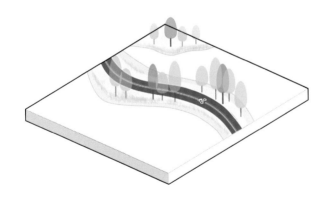

串联：湿地

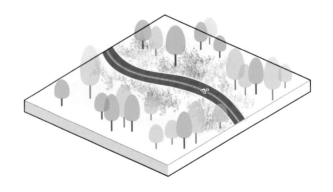

串联：山林

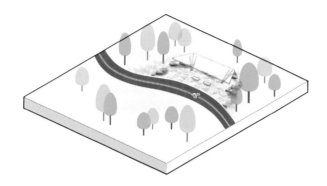

设施

沿途设置若干驿站设施
提供便利服务

标识

以骑行千米数为依托
设计标识系统

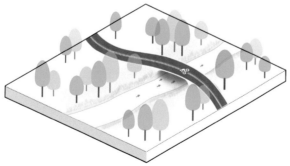

生态

在生态关键位置设置
野生动物友好设施

(6) 生物多样性策略

不同种类的动物需要不同类型的栖息环境，设计充分考虑动物生境的
营造，通过不同植物的搭配，合理布置密林、疏林、孤树草坪、湿地、
农田等各种空间，吸引鸟类、昆虫、两栖类动物等前来栖息觅食，
着力打造一条野趣盎然的"生趣之道"。

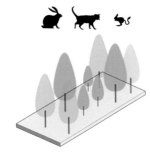

小型哺乳类——啮齿类
密林生境：中小乔木 + 灌木
+ 地被

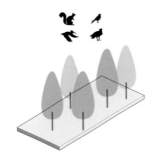

小型哺乳类——松鼠、鸟类
密林生境：大乔木 + 地被

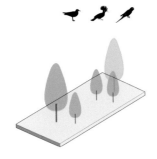

小型哺乳类、鸟类（攀禽）
疏林生境：食源性大乔木 +
少量灌木

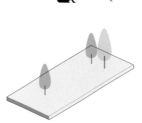

小型哺乳类——草兔、鸟类
草地灌木生境：食源性灌木 +
适口性好的草本

无脊椎动物——蜜蜂、蝶类等

草地灌木生境：蜜源草本花卉

小型哺乳类

草地生境：开阔草地

鱼类、两栖类、游禽

湿地生境（近水 50% ～ 75% 高植被覆盖）

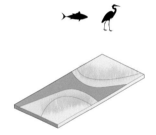

鱼类、涉禽

湿地生境：片植水生植物

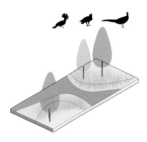

鸣禽

湿地生境：乔木 + 食源性灌木

昆虫类

其他生境：枯木 + 苔藓

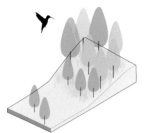

鸟类

其他生境：林缘群落

昆虫类、两栖类

其他生境：农田

无脊椎类——蚯蚓

其他生境：农田

规 划 设 计 及 建 设 成 果

PLANNING, DESIGN AND
CONSTRUCTION ACHIEVEMENTS

3.1

规划设计方案

规划结构

规划在近自然理念的指导下，以空间化为原则，**线、面、点**有机融合，以沿路草花地被带为线，以平地块和农田景观为面，以景观节点为点，共同打造近自然的绿廊山水景观体系，突出景观原真性和天然美。

线： 配套管线上绿地形成贯穿道路始终的廊道，不种植行道树，以草花地被为主，点缀亚乔木和灌木，同时保证常绿植物数量，"藏三露七"，以透为主，以遮为辅，显山露水。

面： 依据现状地形空间特征，形成不同主题景观段，强调各段景观的差异性与特色化。

点： 选取景观节点，分别设置沿道路近距离观赏的节点和远距离观赏的坡地节点。

最终形成 **"冬韵绿野一廊·山水林田四段"** 的总体规划结构。

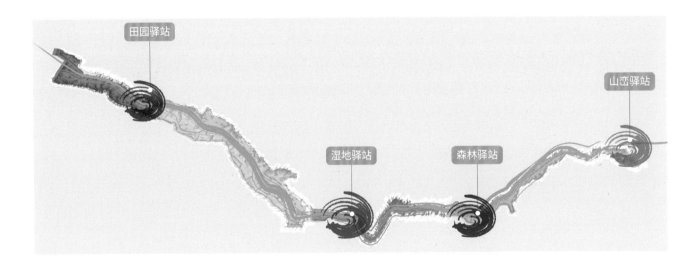

冬韵绿野一廊·山水林田四段

一 廊

一廊指依托配套管线上绿地形成的贯穿项目始终的草花地被带。

四 段

四段指基于现状与景观基底，将生态廊道规划为四个段落，形成川林沃野、田园村舍、湿地浅滩、山峦叠翠四个区段，打造"山""水""林""田"四大景观体验区。

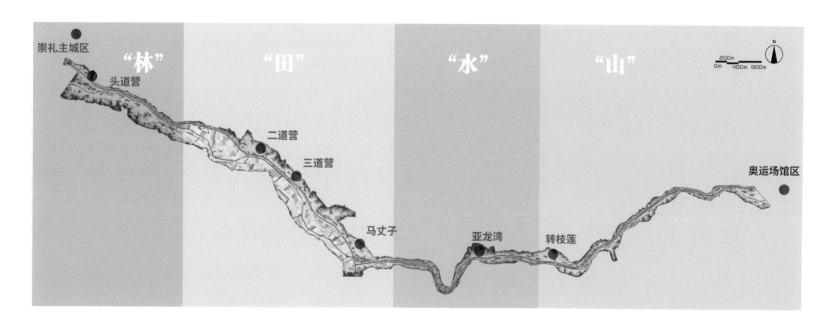

川林沃野

景观性质：依托开阔的空间视野，突出乡土性植被，打造近自然风景林景观。

田园村舍

景观性质：以现有田园景观为基底，沿路种植草花地被，局部点缀常绿及色叶植物，突出田园风光，打造大地景观。

湿地浅滩

景观性质：以浅滩的草花地被和灌木为主，突出天然野趣的湿地景观。

山峦叠翠

景观性质：设计以现有山体所形成的狭窄廊道空间为基础，以常绿树为主，增大绿量的同时考虑色叶林的种植，增彩延绿，营造近自然风景林。

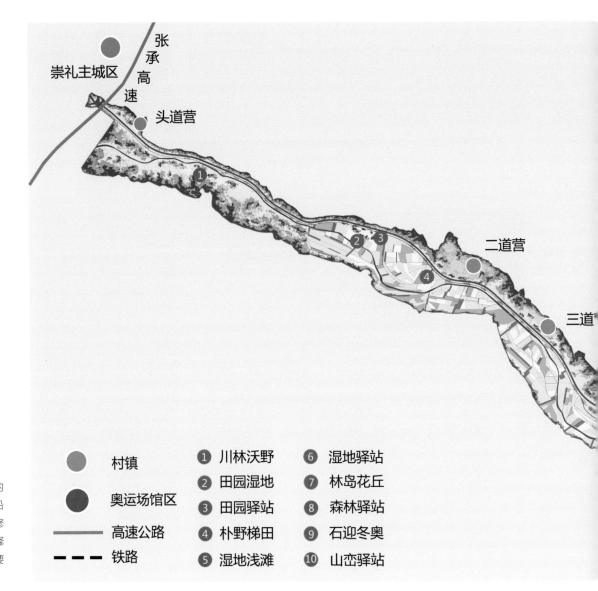

规划方案

在遵循近自然、乡土化、多季相、低维护原则的基础上，统筹廊道山水林田湖草自然资源，对沿线绿地、边坡、湿地、农田、村庄等进行生态修复与景观设计，同时植入慢行体系，结合休闲驿站等游憩观光配套设施，构建涵盖全视域、全要素的生态风景廊道。

村镇

奥运场馆区

—— 高速公路

--- 铁路

① 川林沃野
② 田园湿地
③ 田园驿站
④ 朴野梯田
⑤ 湿地浅滩

⑥ 湿地驿站
⑦ 林岛花丘
⑧ 森林驿站
⑨ 石迎冬奥
⑩ 山峦驿站

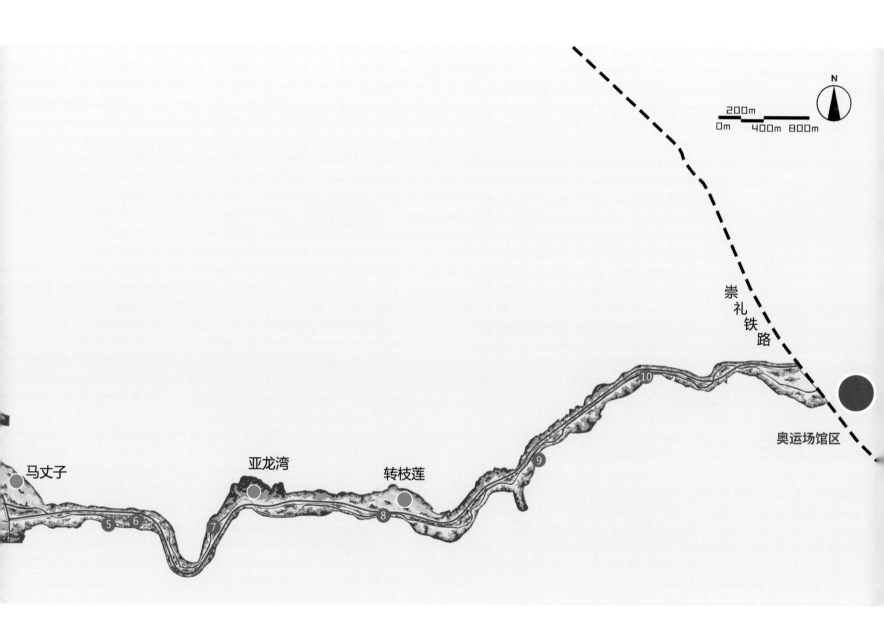

马丈子

亚龙湾

转枝莲

崇礼铁路

奥运场馆区

3.2

慢行系统
规划设计

规划背景

崇礼区位于内蒙古高原与华北平原过渡地带，海拔高度为 813 ～ 2 174 m，"山连山，沟套沟"的地貌特征形成独特的小气候，冬季寒冷漫长可滑雪，夏季凉爽舒适可避暑。崇礼距张家口市区 50 km，距北京市 220 km，且京张高铁开通后，北京北至崇礼站仅需 1 小时 14 分，交通十分便利。2022 年北京冬奥会举行，崇礼的国际知名度将会更高，后奥运时代也将会迎来户外运动休闲旅游高峰。因此，良好的生态环境和完善的基础设施就更加重要。

此慢行系统规划是在冬奥廊道生态修复和景观提升的基础上，结合《崇礼国家体育休闲综合示范区自行车赛道修建性成果》，率先实现崇礼城区至太子城冰雪小镇段自行车道及驿站设计，并在冬奥会举办前建成投入使用。

"1+3" 模式
即一大环 + 三小环

一大环

山城环	55.2 km

起、终点为自行车公园，穿越崇礼城区和东部山林地，因此命名山城环，全长 55.2 km。

三小环

郊野环 1	42 km

连接崇礼城区、马丈子沟，经东部梧桐大道和万龙滑雪场连接万龙沟，全长 42 km。

郊野环 2	24.7 km

万龙沟、长城岭沟和翠云山景区的连接线所形成，全长 24.7km。

冬奥环	11 km

沿 1 号路西侧，连接古杨树场馆群，经棋盘梁隧道以东的山林道形成闭环，全长 11 km。

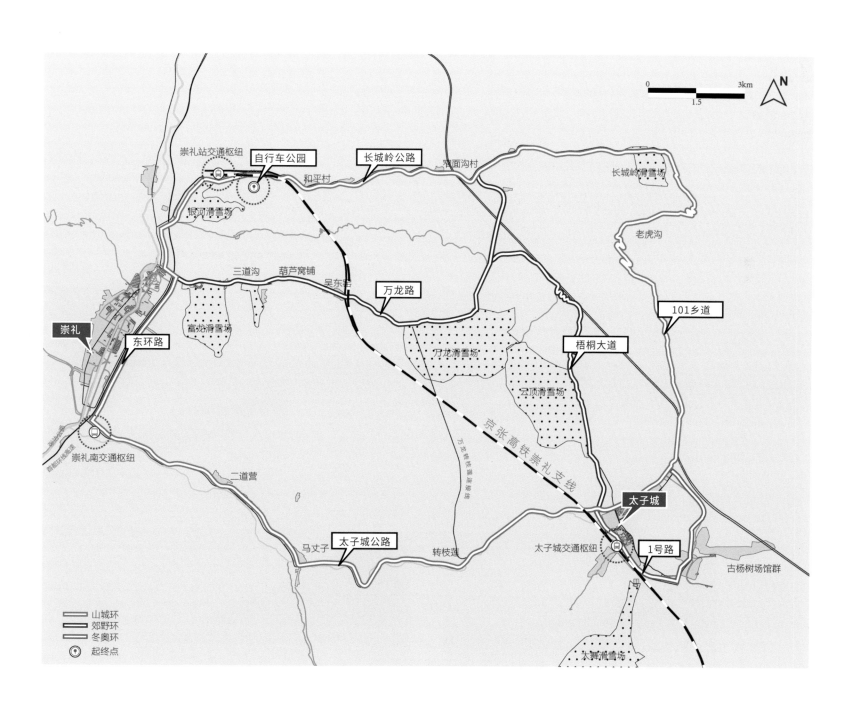

崇礼站交通枢纽
自行车公园
长城岭公路
宿面沟村
长城岭滑雪场
和平村
银河滑雪场
老虎沟
三道沟
葫芦窝铺
吴东君
万龙路
101乡道
崇礼
东环路
富龙滑雪场
万龙滑雪场
梧桐大道
云顶滑雪场
崇礼南交通枢纽
二道营
京张高铁崇礼支线
万龙转枝莲连接线
太子城
马丈子
太子城公路
转枝莲
太子城交通枢纽
1号路
古杨树场馆群
太舞滑雪场

0　1.5　3km
N

山城环
郊野环
冬奥环
起终点

总体规划

慢行系统西起崇礼客运枢纽，东至太子城冰雪小镇，全长 17.67 km。游客可自崇礼城区骑自行车或徒步穿越森林、田园、河流、湿地等景观后到达太子城冰雪小镇各旅游景点。

综合考虑驿站服务半径，良好的景观资源，并结合主要观景节点设置 4 处驿站。其中一级驿站 1 处，主要功能为观景、休息、公厕和售卖。二级驿站 3 处，主要功能为休息和观景。

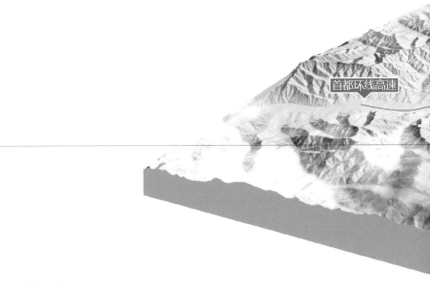

首都环线高速

田园驿站

湿地驿站

森林驿站

山峦驿站

节点设计

（1） 道路设计

慢行系统路面总宽度为 2.8 m，为更好地融入周边环境，路面材料采用灰色沥青透水混凝土，两侧路肩采用滑模浇筑混凝土。沿线地形复杂，局部地下水位较高，对地基进行特殊处理。

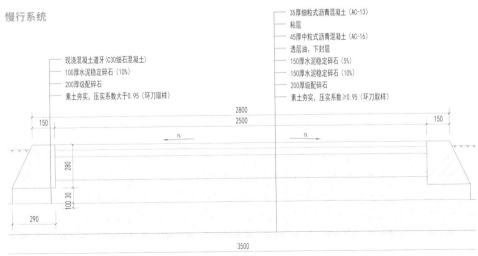

慢行系统

路面结构图

左侧路肩	路面结构

现浇混凝土道牙(C30细石混凝土)
100厚水泥稳定碎石(10%)
200厚级配碎石
素土夯实，压实系数大于0.95 (环刀取样)

35厚细粒式沥青混凝土 (AC-13)
粘层
45厚中粒式沥青混凝土 (AC-16)
透层油、下封层
150厚水泥稳定碎石 (5%)
150厚水泥稳定碎石 (10%)
200厚级配碎石
素土夯实，压实系数≥0.95 (环刀取样)

路面设计有红黄蓝三条彩线，使灰色路面在与环境相融的同时充满动感与活力，同时在路面设置整千米数标记，增强互动体验。

RGB　　255，255，0
　　　　33，199，255
　　　　255，93，33

路面标线及千米数平面图

路面标线实景图

（2）种植设计

慢行系统沿线植物以乡土野花地被为主，点缀乔木和灌木，同时控制常绿树比例，保障冬季景观。
空间层面，"藏三露七"，显山露水，以透为主，以遮为辅，突出景观的自然随性与天然之美。

种植空间设计图

慢行系统建成实景图

慢行系统植物景观实景图

（3）驿站设计

田园驿站

驿站位于廊道田园村舍段湿地景观旁，靠近崇礼城区。驿站构筑以当地原木为材料，采用单元式、模块化设计，为游客提供游憩空间，同时作为风景建筑展示地域自然特色与生态文化。

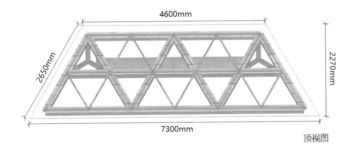

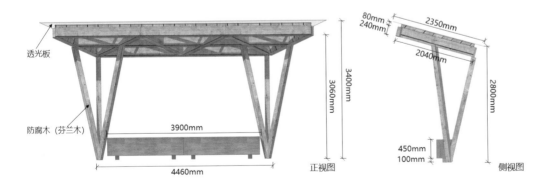

田园驿站二视图

田园驿站实景图

湿地驿站

驿站位于廊道湿地浅滩段，马丈子与亚龙湾之间。驿站总建筑面积 119 m²，设有卫生间、自助便利店、自助医疗站、环卫间。

建筑主体采用坡屋顶、钢木结构，轻盈自然并与远处山势呼应。木材、毛石、乡土植物的运用展现湿地的自然野趣。屋面外挑形成灰空间，借景远山近水，使山、水、人得以充分沟通。

湿地驿站实景图（驿站建筑方案由北京林业大学郑小东副教授团队设计）

湿地驿站建成实景图

观景平台实景图

实景图：融入山水

驿站外廊实景图

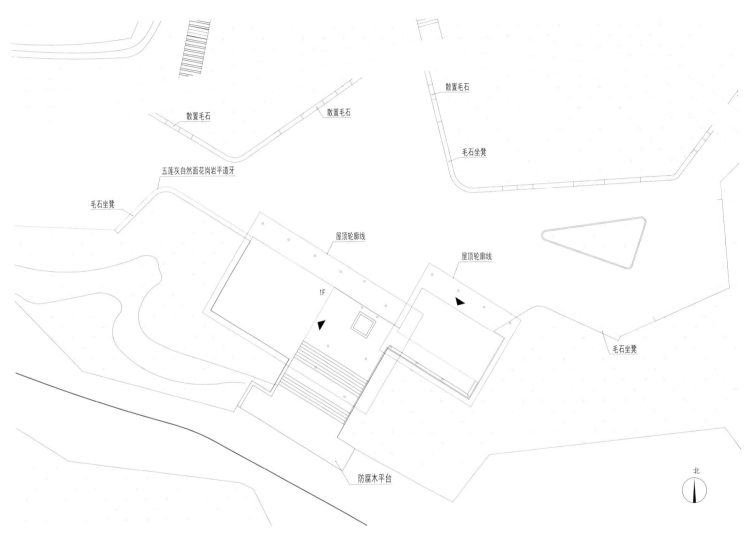

散置毛石

散置毛石   散置毛石

五莲灰自然面花岗岩平道牙

毛石坐凳

毛石坐凳

屋顶轮廓线

屋顶轮廓线

1F

毛石坐凳

防腐木平台

北

驿站总平面图

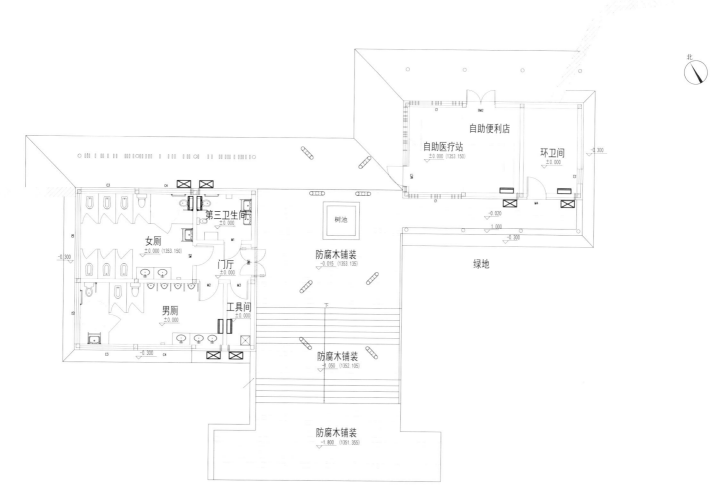

北

自助便利店

自助医疗站
±0.000 (1353.150)

环卫间
±0.000

第三卫生间
±0.000

女厕
±0.000 (1353.150)

门厅
±0.000

男厕
±0.000

工具间
±0.000

树池

防腐木铺装
-0.015 (1353.135)

绿地

防腐木铺装
-1.050 (1352.105)

防腐木铺装
-1.800 (1351.355)

建筑平面图

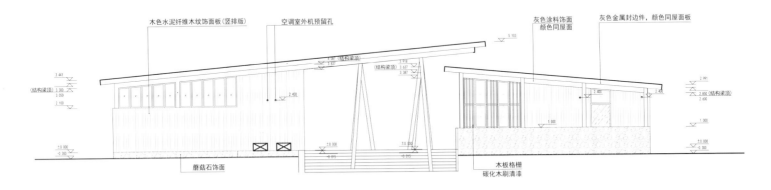

木色水泥纤维木纹饰面板(竖排版)　　空调室外机预留孔　　　　　　　　　灰色涂料饰面　　灰色金属封边件，颜色同屋面板
　　　　　　　　　　　　　　　　　　　　　　　　　　　　　　　　　　　颜色同屋面

蘑菇石饰面

木板格栅
碳化木刷清漆

建筑立面图 1

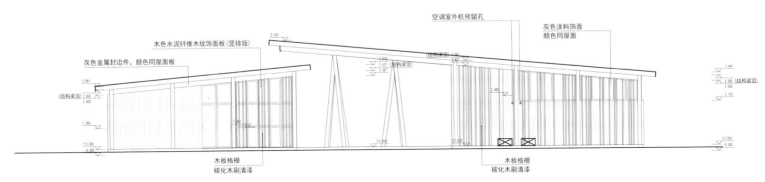

　　　　　　　　　　　　　　　　　　　　　空调室外机预留孔　　　　灰色涂料饰面
　　　　　　　　木色水泥纤维木纹饰面板(竖排版)　　　　　　　　　颜色同屋面

灰色金属封边件，颜色同屋面板

木板格栅　　　　　　　　　　　　　　　　木板格栅
碳化木刷清漆　　　　　　　　　　　　　　碳化木刷清漆

建筑立面图 2

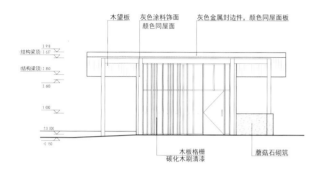

木望板
灰色涂料饰面颜色同屋面
灰色金属封边件，颜色同屋面面板

3.918
结构梁顶 3.637
结构梁顶 2.850
2.600
1.000
±0.000
-0.150

木板格栅
碳化木刷清漆

蘑菇石砌筑

轴线立面图 1

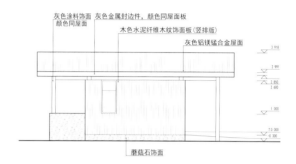

灰色涂料饰面颜色同屋面
灰色金属封边件，颜色同屋面面板
木色水泥纤维木纹饰面板(竖排版)
灰色铝镁锰合金屋面

3.918
2.991
2.850
2.600
1.000
±0.000
-0.300

蘑菇石饰面

轴线立面图 2

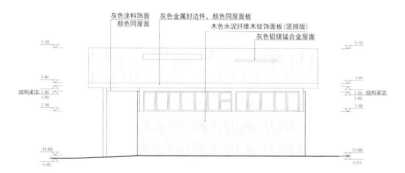

灰色涂料饰面颜色同屋面
灰色金属封边件，颜色同屋面面板
木色水泥纤维木纹饰面板(竖排版)
灰色铝镁锰合金屋面

5.103
3.441
结构梁顶 3.300
3.050
2.100
±0.000
-0.020

5.103
3.441
3.300 结构梁顶
2.100
±0.000
-0.015

轴线立面图 3

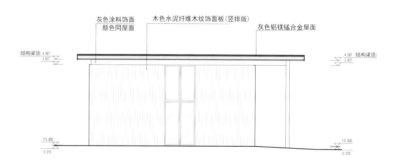

灰色涂料饰面颜色同屋面
木色水泥纤维木纹饰面板(竖排版)
灰色铝镁锰合金屋面

结构梁顶 4.087
3.837
±0.000
-0.015

4.087 结构梁顶
3.837
±0.000
-0.020

轴线立面图 4

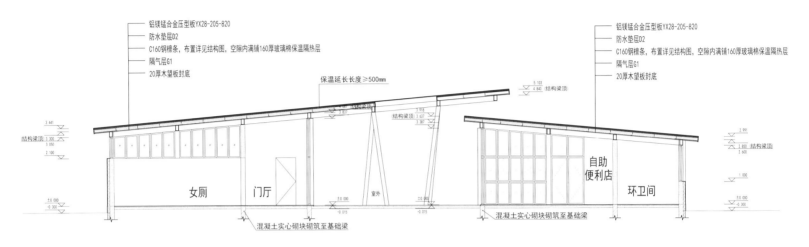

铝镁锰合金压型板YX28-205-820
防水垫层D2
C160钢檩条，布置详见结构图，空隙内满铺160厚玻璃棉保温隔热层
隔气层G1
20厚木望板封底

保温延长长度≥500mm

铝镁锰合金压型板YX28-205-820
防水垫层D2
C160钢檩条，布置详见结构图，空隙内满铺160厚玻璃棉保温隔热层
隔气层G1
20厚木望板封底

女厕　门厅

自助便利店　环卫间

混凝土实心砌块砌筑至基础梁

混凝土实心砌块砌筑至基础梁

建筑剖面图 1

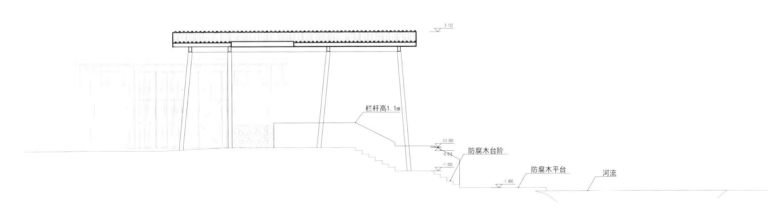

栏杆高1.1m

防腐木台阶
防腐木平台　河流

建筑剖面图 2

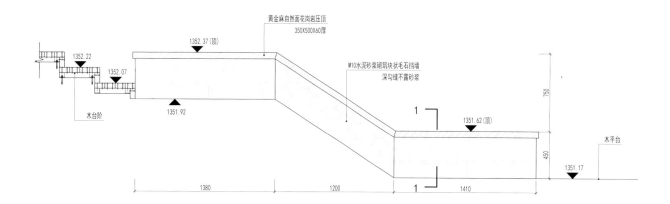

木平台挡墙立面图

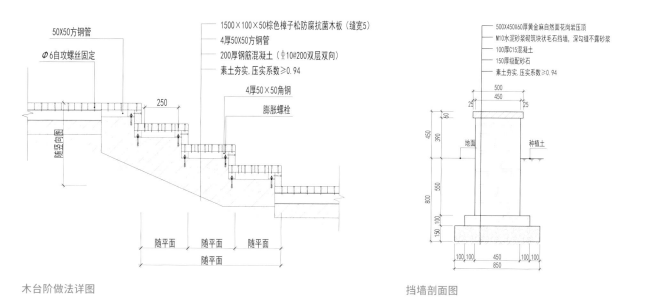

木台阶做法详图

挡墙剖面图

森林驿站

驿站位于山峦叠翠段，转枝莲对面，背倚茂密的白桦林，景观得天独厚。综合考虑服务半径、观景等因素，在此设置森林驿站，供游客休息、观景。驿站以原木为材料，地面散铺砾石，周边自然摆放当地山石，让构筑物与自然风景融为一体，展示当地自然特色。

森林驿站设计效果图

森林驿站建成实景图

山峦驿站

驿站位于慢行系统东侧终点处，靠近太子城冰雪小镇。此处背靠白
桦林，面向樟子松林，空间虽狭窄，风景却独具特色。

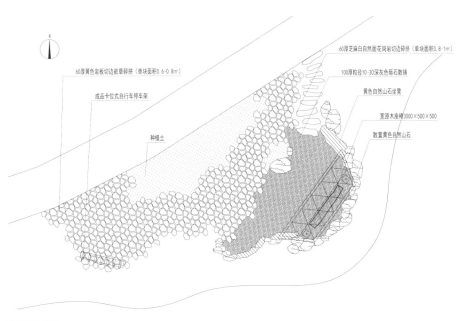

驿站平面图

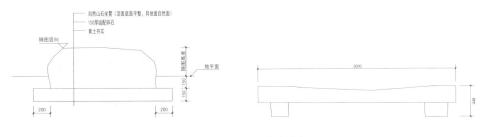

山石座椅剖面图   原木坐凳立面图

建成实景图

建成效果

慢行系统鸟瞰图（夏景）

慢行系统建成实景图

慢行系统鸟瞰图（秋景）

慢行系统"川林沃野"段实景图

慢行系统"田园村舍"段实景图

慢行系统"湿地浅滩"段实景图

慢行系统"山峦叠翠"段实景图

3.3

分区详细设计

川林沃野段

（1）植物景观修复

针对廊道沿线存在的植被带断裂缺失、景观单一等问题，设计团队通过深入研究崇礼当地的气候、土壤、水文、植被等环境要素，分析当地自然植被结构特征，筛选适生树种，在修复中搭建模拟不同生境的植物群落。

崇礼乡土植物特色：崇礼处于内蒙古高原与华北平原过渡地带。**典型的植物群落为暖温带落叶阔叶林和温性针叶林。**从山底到山顶，依次分布着灌丛带、落叶阔叶林带、针阔混交林带、针叶林带和亚高山草甸，**呈现从森林到草原过渡的自然特征**，森林茂密，草场广阔，野花烂漫，充满自然野趣之美。

针叶树以落叶松、油松、云杉为主，落叶阔叶树以青杨、白桦、白榆、蒙古栎、山荆子、金红苹果为主，灌丛以忍冬、连翘、丁香、沙棘、锦鸡儿为主，地被以狗娃花、翠雀、黑柴胡、金莲花等为主。

亚高山草甸　　针叶林带

崇礼自然植被结构图

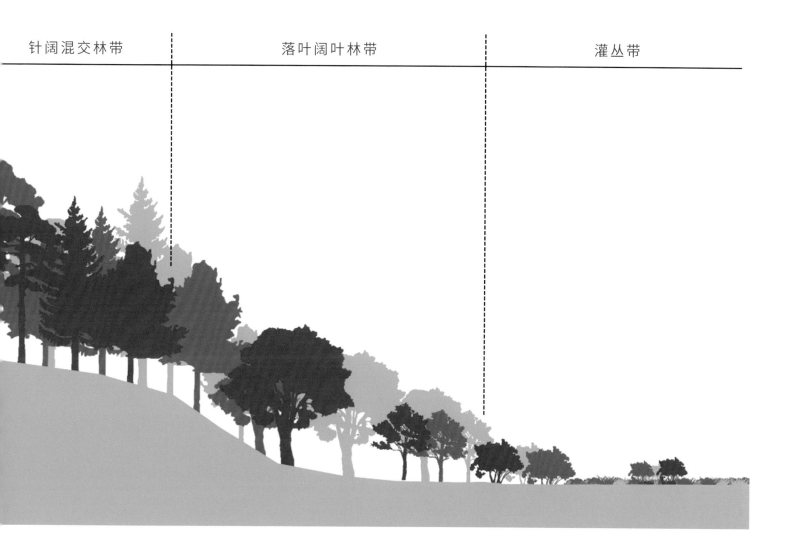

针阔混交林带　　　　　落叶阔叶林带　　　　　灌丛带

植被修复实景图（秋景）

植被修复实景图（夏景）

夕阳下的林地实景图

"川林沃野"段植被修复实景图

（2）植被修复过程

修复前

设计效果

修复中

修复后

（3）景观演变

植物设计遵循崇礼自然植被分布状态，**模拟森林到草原的过渡，减少对远景自然山水的遮挡，减少人工化痕迹。**

采用自然式种植方式，高低错落、疏密有致，保证冬奥期间的景观效果。通过实地调研和资料查阅，从**适生、景观、经济、苗源**等角度出发，着重考虑植物的生态功能和景观效益，筛选出适宜的常绿乔木、落叶乔木、亚乔木、灌木、草本等乡土植物。

修复后鸟瞰图

（4）冬季景观

冬景鸟瞰图

冬季实景 1

冬季实景 2

田园村舍段

（1）农田景观

依托开阔的空间视野和现状农田肌理，统筹山水林田湖草等景观资源，进行系统治理与修复，引导村民种植经济性观赏作物，营造自然山水田园画卷，带动产业发展，实现乡村振兴。

"田园村舍"段实景图

土地整理

为改善杂乱和无序的农田现状，打造既自然生态，又清晰有序的农田景观，
按照粗放与精细结合、野趣与人工结合的原则，在规划农田作物之前，首先
对农田进行精细化整理。

清理田间杂草，梳理杂灌，修整乔木，形成清晰的农田肌理和自然的天际线。

修整前

效果图

修整后

梯田修筑

修整田埂地垄，提高农田景观质量。

对于农田高差较大、近中景视野范围内的梯田采用石砌田埂，选用当地石材，毛石干砌或浆砌深勾缝。

对于高差较小的农田，采用土埂强化农田边界，避免工程建设对农田的破坏，提升农田景观质量。

田埂细部

建成实景图

设计效果图

修筑中

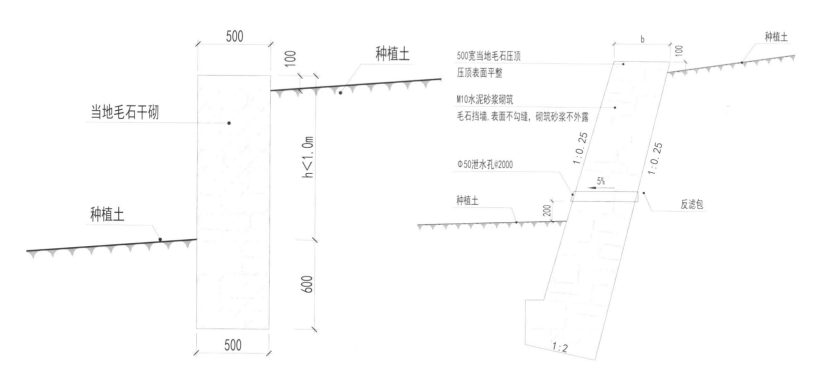

田埂做法 1：适用于高差 1.0 m 以下的农田　　　　田埂做法 2：适用于高差 1.0 m 以上的农田

作物种植

在土地整理、梯田修筑的基础上，对作物种植进行总体规划。由于当地气候环境特殊，在当地政府部门支持下，邀请当地农业专家、村民等 20 余人对作物品种、生长特性、播种方式及数量等集中研讨，最终确定农田景观种植策略如下。

单品种大尺度：连片种植，形成大地景观，适宜平视区域、平坦开阔区域。

多品种显肌理：交错种植，塑造阡陌肌理，适宜俯视区域、梯田区域。

错时轮种：考虑景观季相，在村庄覆绿中错时种植，兼顾秋冬效果。

单品种设计效果图

多品种设计效果图

经济性观赏农作物表

种植类型	品种	高度 /m	色彩	色彩情感	观赏季节
单品种种植	油菜花	0.3～1		—	春、夏
	油葵	0.5～1.5		—	夏、秋
	胡麻	0.3～1.2			夏、秋
	莜麦	0.6～1			夏、秋
	土豆	0.15～0.8			夏、秋
	荞麦	0..3～0.9		宁静 安全 清新 生机	夏、秋
	圆白菜	0.1～0.3			夏、秋
多品种混合种植	荞麦	0.15～0.8			夏、秋
	土豆	0.15～0.8			夏
	胡麻	0.3～1.2			夏、秋
	油菜花	0.3～1		智慧 希望 愉快	春、夏
	油葵	0.5～1.5			夏、秋
	金莲花	0.3～1			夏、秋
	万寿菊	0.5～1.5			夏、秋

农作物空间策略

靠近路边、视距较近的农田采用多品种混合种植，突出农田肌理，视距较远的区域
采取单品种种植，作物种植前低后高，不遮挡景观视线。

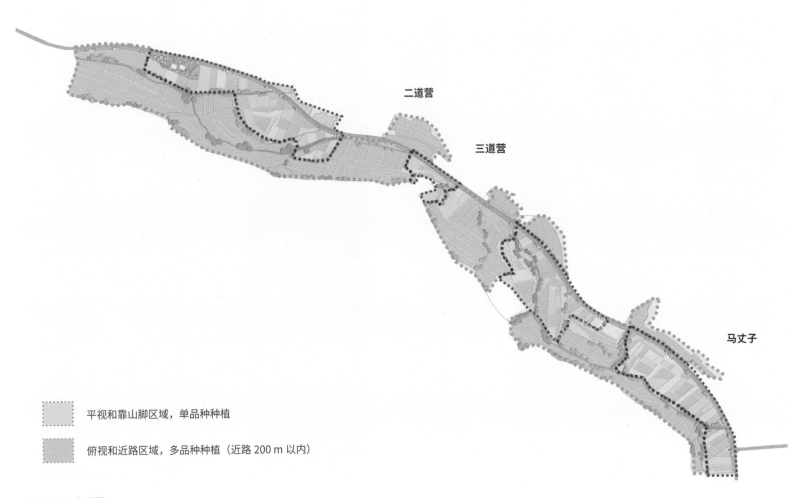

平视和靠山脚区域，单品种种植

俯视和近路区域，多品种种植（近路 200 m 以内）

农作物空间布置图

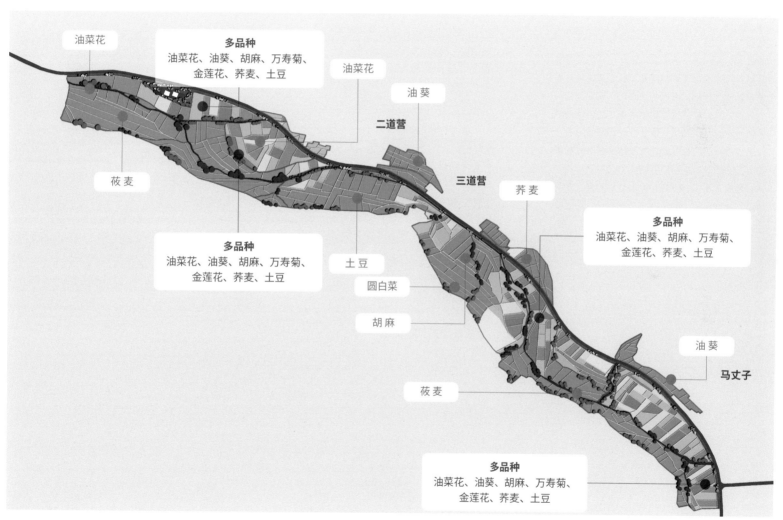

油菜花

多品种
油菜花、油葵、胡麻、万寿菊、
金莲花、荞麦、土豆

油菜花

油葵

二道营

三道营

荞麦

莜麦

多品种
油菜花、油葵、胡麻、万寿菊、
金莲花、荞麦、土豆

多品种
油菜花、油葵、胡麻、万寿菊、
金莲花、荞麦、土豆

土豆

圆白菜

胡麻

油葵

马丈子

莜麦

多品种
油菜花、油葵、胡麻、万寿菊、
金莲花、荞麦、土豆

农作物平面图

（2）村庄景观

根据当地相关规划，村庄进行搬迁，赛后建设文旅小镇。为保证赛时景观效果、节约建设成本和考虑赛后土地利用，经过多次讨论，最终决定采用近远期结合、差异化实施的策略，将公路沿线村庄用地，按照规划进行永久性景观绿地建设。村庄内部搬迁后，在保留现状植物的基础上复垦为农田，与周边农田肌理相融合，种植经济作物，这样可最大限度节约成本，突出节俭办奥。冬季将作物收割后保留 15 cm 左右高的枝干，可以防风固土，避免扬尘，同时也可形成很好的景观效果。

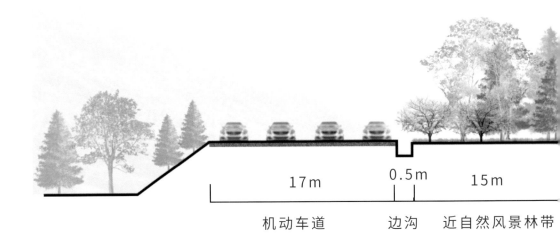

村庄景观设计横断面图

村庄景观设计立面图

村庄临时复绿（冬小麦、荞麦、莜麦）

村庄沿线规划近自然风景林带

村庄沿公路一侧 15 m 宽范围内营造近自然风景林带，与廊道总体景观相协调、相延续，同时作为赛后文旅小镇的生态绿地，兼顾近远期使用；以云杉、樟子松、白榆等乔木为骨干，局部点缀山桃、榆叶梅等灌木，播撒矮株波斯菊、紫花苜蓿等乡土野花，形成复层风景林。

村庄沿线绿地实景图

村庄覆绿实景图

村庄沿线绿地实景图

村庄覆绿

二道营覆绿效果图

二道营覆绿实景图（秋景）

三道营覆绿效果图

三道营覆绿实景图 (秋景)

马丈子覆绿效果图

马丈子覆绿实景图 (秋景)

村庄覆绿实景图（夏景）

村庄覆绿建成效果实景图

（3）边坡生态修复

村庄搬迁后，山坡脚地面裸露，为防止即将到来的汛期造成的大量水土流失和地质灾害，
通过调研评估，根据不同坡度和土质采用不同修复措施。

坡度较缓，35°以下的坡地采用混播紫花苜蓿、速生油菜等实现裸土快速覆盖。

边坡修复实景图

坡度为 35°～ 50°的坡地采用挂网团粒客土混合喷播植被恢复与无土复合纤维抗侵蚀技术，通过挂网喷
播客土和混合纤维基材及种子，栽植紫丁香等灌木小苗，铺设植物纤维毯，经过近 50 天左右的养护，
可基本实现坡面的绿地修复，其中复合纤维、植物纤维毯等均为可降解的绿色材料。

生态修复过程图 1

生态修复过程图 2

生态修复过程图 3

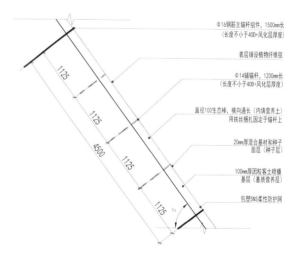

挂网团粒客土混合喷播植被恢复与无土复合纤维抗侵蚀技术做法图

（4）湿地景观

利用现状低洼地，承接雨季山地汇水，旱季引入一侧太子城河水，构建乡土植被群落，
形成季节性湿地景观。同时设置游览步道和亲水平台，为游客提供休闲游憩空间。湿地
建成后已经吸引来一些栖息在周边的鸟类和小型哺乳动物，生物多样性逐步提升。

湿地景观实景图

田园湿地实景图（夏景）

田园湿地实景图（秋景）

田园湿地景观实景图

阳光水岸实景图

草坪步道实景图

慢行系统实景图

山水林田湖草融为一体的实景图

湿地驳岸实景图

湿地与油菜花田实景图

湿地建成之后，将获得广泛利用，成为廊道重要的景观节点。按照河北省统一部署，冬奥生态廊道将被整体打造为"崇礼冬奥公园"，为冬奥会后当地的可持续发展布局。

湿地冬景实景图

崇礼冬奥公园
CHONGLI WINTER OLYMPICS PARK

冬奥公园标志立面图

田园湿地冬景鸟瞰图

亲水平台实景图

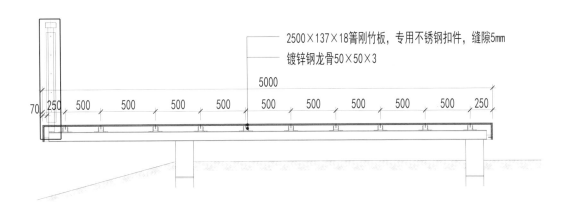

亲水平台做法详图

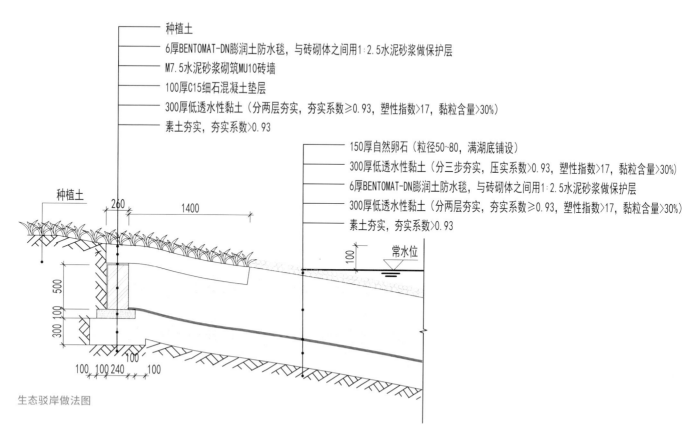

种植土

6厚BENTOMAT-DN膨润土防水毯，与砖砌体之间用1∶2.5水泥砂浆做保护层

M7.5水泥砂浆砌筑MU10砖墙

100厚C15细石混凝土垫层

300厚低透水性黏土（分两层夯实，夯实系数≥0.93，塑性指数>17，黏粒含量>30%）

素土夯实，夯实系数>0.93

150厚自然卵石（粒径50~80，满湖底铺设）

300厚低透水性黏土（分三步夯实，压实系数>0.93，塑性指数>17，黏粒含量>30%）

6厚BENTOMAT-DN膨润土防水毯，与砖砌体之间用1∶2.5水泥砂浆做保护层

300厚低透水性黏土（分两层夯实，夯实系数≥0.93，塑性指数>17，黏粒含量>30%）

素土夯实，夯实系数>0.93

种植土

常水位

生态驳岸做法图

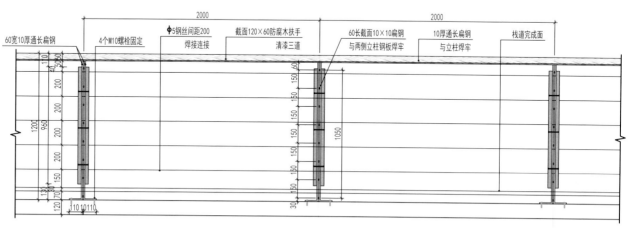

60宽10厚通长扁钢

4个M10螺栓固定

φ5钢丝间距200 焊接连接

截面120×60防腐木扶手 清漆三道

60长截面10×10扁钢 与两侧立柱钢板焊牢

10厚通长扁钢 与立柱焊牢

栈道完成面

② 栏杆正立面图 1:10

栏杆正立面图

湿地浅滩段

（1）湿地景观

公路拓宽及改线对原有湿地造成扰动，湿地周边多年形成的河柳景观也遭到一定程度的破坏。

在"先保护后恢复"理念的指导下，对场地汇水、植被、残留湿地等要素进行梳理，拓河成泽，承接山体冲沟与地表汇水，达到雨水收集、净化的生态作用，同时形成天然野趣的湿地景观。

湿地恢复设计鸟瞰图

山体汇水

观景栈道

湿地驿站

出水口

自行车道

水流方向

尊重现有地形，竖向梳理，组织堤、岛、湖、塘等层次丰富、类型多样的水体形态，结合驿站与丰富的植物群落，与周边自然山水融为一体。

湿地恢复前

湿地恢复中

湿地恢复后鸟瞰图

草坡入水驳岸是非常自然生态又安全的选择，易
于恢复湿地，形成沼泽、浅滩等丰富多样的生境，
为鱼类的产卵创造条件，为鸟类、两栖动物和微
生物提供生存环境，保证生物的多样性，形成水
陆复合生态系统。

溢流堰实景图

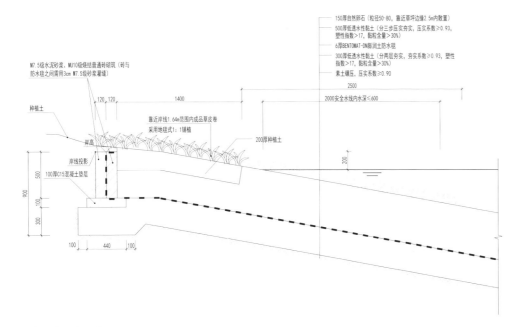

150厚自然卵石（粒径50-80，靠近草坪边缘2.5m内散置）

500厚低透水性黏土（分三步压实夯实，压实系数≥0.93，
塑性指数>17，黏粒含量>30%）

6厚BENTOMAT-DN膨润土防水毯

300厚低透水性黏土（分两层夯实，夯实系数≥0.93，塑性
指数>17，黏粒含量>30%）

素土碾压，压实系数≥0.90

M7.5级水泥砂浆、MU10级烧结普通砖砌筑（砖与
防水毯之间需用3cm M7.5级砂浆灌缝）

种植土

靠近岸线1.64m范围内成品草皮卷
采用地毯式1：1铺植

200厚种植土

岸高

岸线投影

100厚C15混凝土垫层

2500

2000安全水线内水深≤600

1400

120 120

900

500

100

300

200

100 440 100

草坡入水驳岸设计图

湿地景观实景图 1

湿地景观实景图 2

湿地秋景实景图

自然驳岸实景图

天光云影实景图

保留植物实景图

湿地夏景实景图

（2）植物景观

对场地存留的河柳、黑榆等植物进行保留和保护，
同时根据当地环境，选择适合当地的云杉、樟子
松、旱柳、白桦、白榆等植物，在突出冬季效果
的基础上，模拟当地自然植物群落结构，构建层
次丰富、植物品种多样的湿地植物景观。

春：

花漫绿荫

夏：

树花掩荫

秋：

层林尽染

冬：

苍枝映翠

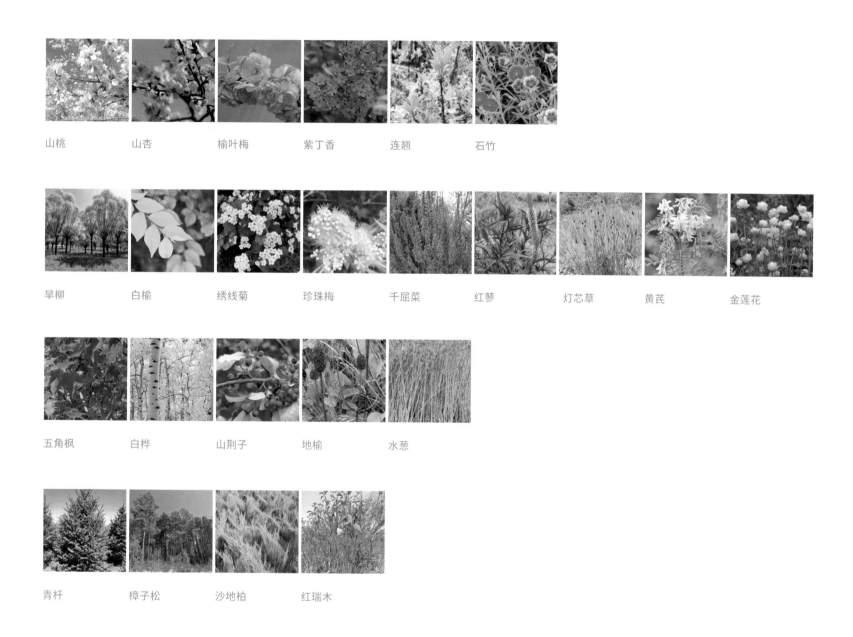

山桃　　　　山杏　　　　榆叶梅　　　紫丁香　　　连翘　　　　石竹

旱柳　　　　白榆　　　　绣线菊　　　珍珠梅　　　千屈菜　　　红蓼　　　　灯芯草　　　黄芪　　　　金莲花

五角枫　　　白桦　　　　山荆子　　　地榆　　　　水葱

青杆　　　　樟子松　　　沙地柏　　　红瑞木

湿地周边采用崇礼乡土野花虞美人、地榆、矮株波斯菊、
紫菀、石竹等作为地被，与千屈菜、水葱等水生植物共融
共生。

湿地植物景观实景图 1

崇礼乡土野花实景图

湿地建成效果实景图

湿地植物景观实景图 2

（3）栈道

湿地栈道实景图 1

湿地栈道实景图 2

栈道及乡土野花实景图

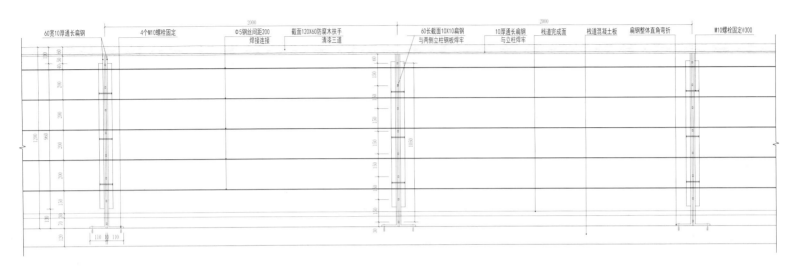

栏杆正立面图

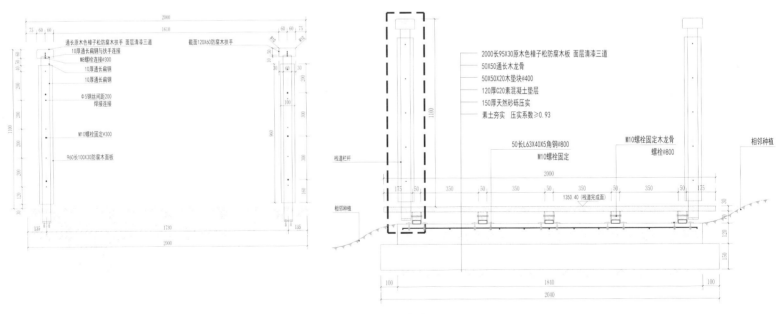

栏杆断面图   直立驳岸栈道做法详图

木栈道细部

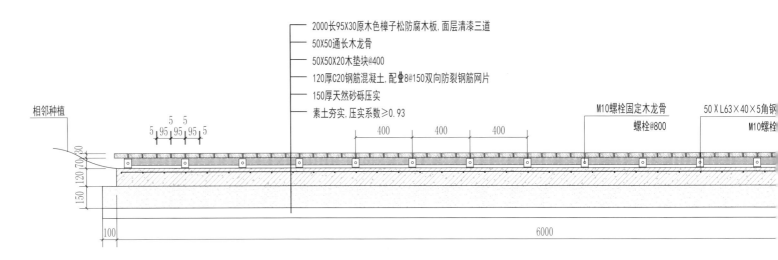

木栈道剖面图 1

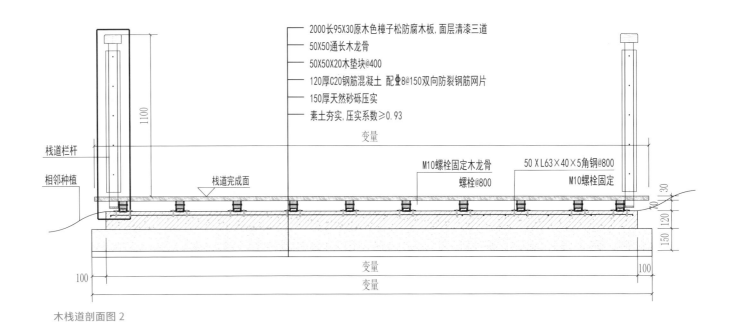

木栈道剖面图 2

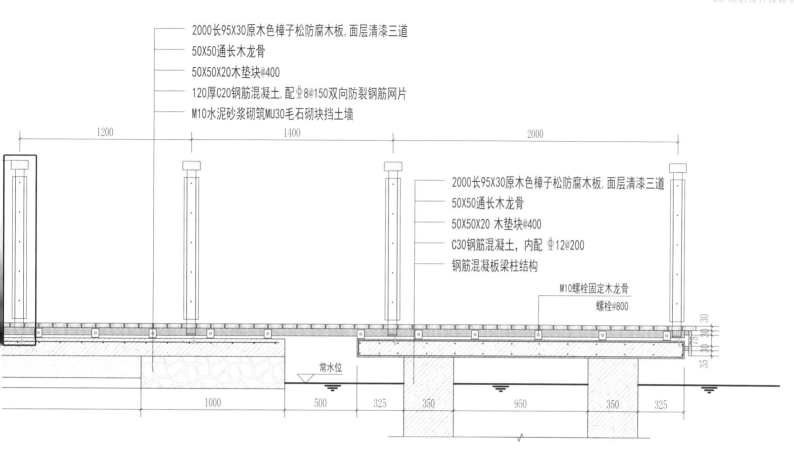

2000长95X30原木色樟子松防腐木板,面层清漆三道
50X50通长木龙骨
50X50X20木垫块@400
120厚C20钢筋混凝土,配Φ8@150双向防裂钢筋网片
M10水泥砂浆砌筑MU30毛石砌块挡土墙

2000长95X30原木色樟子松防腐木板,面层清漆三道
50X50通长木龙骨
50X50X20 木垫块@400
C30钢筋混凝土,内配 Φ12@200
钢筋混凝土板梁柱结构

M10螺栓固定木龙骨
螺栓@800

常水位

1200   1400   2000

1000   500   325   350   950   350   325

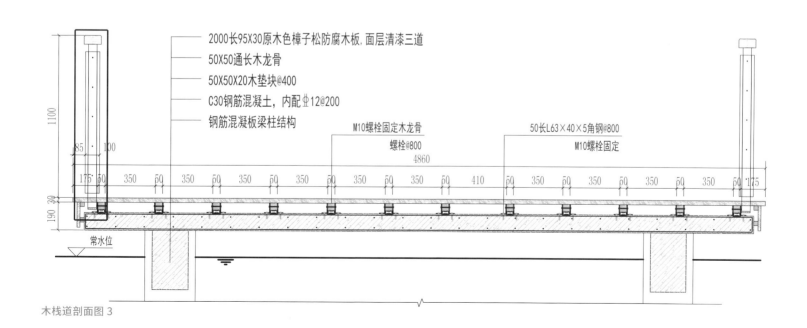

2000长95X30原木色樟子松防腐木板,面层清漆三道
50X50通长木龙骨
50X50X20木垫块@400
C30钢筋混凝土,内配Φ12@200
钢筋混凝土板梁柱结构

M10螺栓固定木龙骨
螺栓@800

50长L63×40×5角钢@800
M10螺栓固定

4860

1100

185   100

175   50   350   50   350   50   350   50   350   50   350   50   350   410   50   350   50   350   50   350   50   350   50   350   50   175

190   30

常水位

木栈道剖面图3

（4）驿站广场

遵循生态、节约、环保的原则，选择当地常见的毛石、板岩、原木等乡土材料，作为广场铺装、坐凳、栈道栏杆的主要材料，实现景观与周围原生态环境的融合。

驿站广场鸟瞰图

碎拼铺装实景图

毛石坐凳实景图

广场建成效果图

驿站广场实景图（夏景）

驿站广场实景图（秋景）

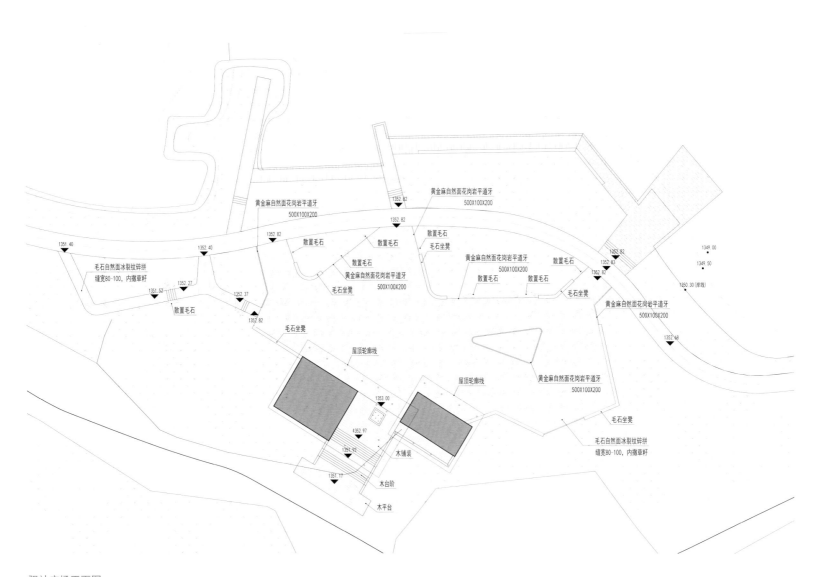

驿站广场平面图

广场实景图

毛石坐凳细部 1

毛石坐凳细部 2

毛石坐凳细部 3

毛石坐凳细部 4

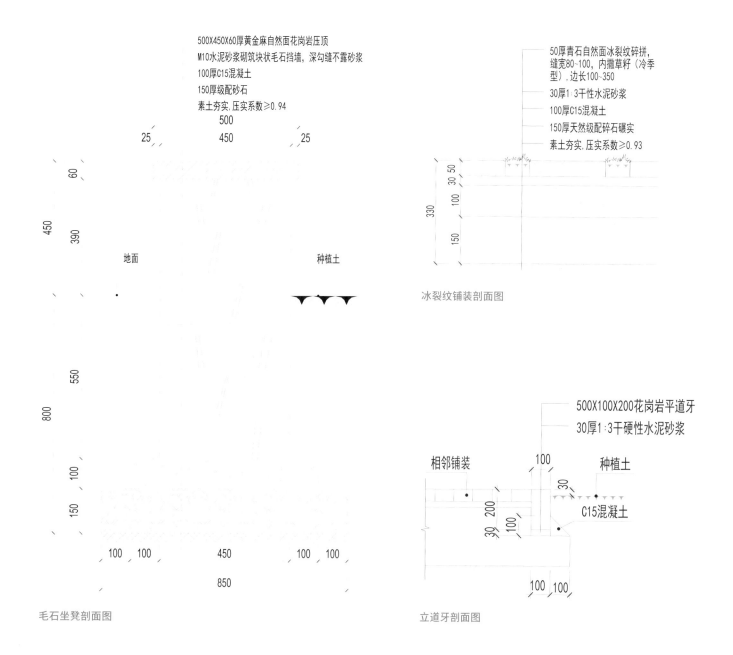

500X450X60厚黄金麻自然面花岗岩压顶
M10水泥砂浆砌筑块状毛石挡墙，深勾缝不露砂浆
100厚C15混凝土
150厚级配砂石
素土夯实,压实系数≥0.94

50厚青石自然面冰裂纹碎拼，缝宽80~100，内撒草籽（冷季型），边长100~350
30厚1:3干性水泥砂浆
100厚C15混凝土
150厚天然级配碎石碾实
素土夯实,压实系数≥0.93

地面   种植土

冰裂纹铺装剖面图

500X100X200花岗岩平道牙
30厚1:3干硬性水泥砂浆

相邻铺装   种植土

C15混凝土

毛石坐凳剖面图

立道牙剖面图

山峦叠翠段

(1) 山地植被景观

山峦叠翠段靠近太子城冬奥核心区，为相对狭窄的山谷地。由于自然和人为
因素的干扰，公路两侧山坡存在一些植被断裂和裸露创面。设计因地制宜地
对阳坡裸露创面进行植被覆盖，同时局部点缀山桃、山杏、山荆子、紫丁香
等，丰富季相效果。在阴坡区域，通过耐阴地被对坡脚进行植被修复。

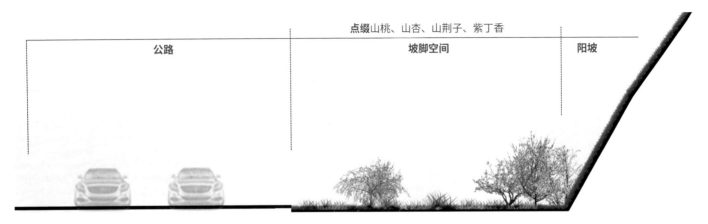

阳坡修复横断面图

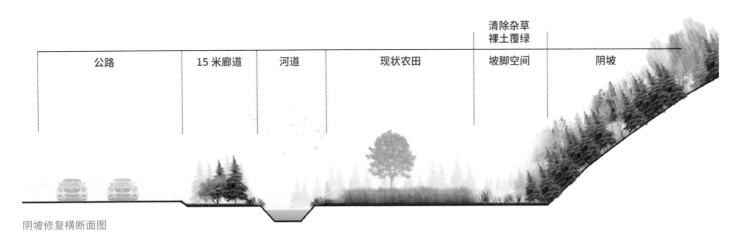

阴坡修复横断面图

公路　　　　　　点缀花灌木：山桃、山杏

阳坡设计效果图

管廊草花地被带　　　　　河道　　　　　　杂草清除

阴坡设计效果图

多种策略结合修复自然的坡脚线：修复受损边坡，修复生态河岸，模仿自然林缘植物群落。

工程建设前

工程建设后

生态修复中

生态修复后实景图 1

生态修复后实景图 2

生态修复后实景图 3

生态修复后实景图 4

（2）村庄覆绿

沿路种植青杆、丛生白桦、五角枫等乔木，点缀榆叶梅等花灌木，挡透结合，形成风景林带。村庄内部复垦为农田景观，保留现状树，打造孤树农田的景观效果。

村庄搬迁前

村庄搬迁后

村庄搬迁覆绿效果图

村庄覆绿实景图（秋景）

村庄覆绿实景图（冬季留存部分秸秆防风固沙，形成大地景观）

后 记
POSTSCRIPT

4.1

规划设计
心得体会

按照习近平总书记对办奥提出的重要指示和"五个着力"的工作要求，张家口赛区冬奥景观廊道工程设计既是对原有生态环境的恢复，又是对建设奥运配套设施工程造成的环境扰动的及时修复，将公路沿线建设成为生态廊道景观公园，以技术手段实现绿色办奥、可持续发展。生态恢复与景观构建相关理论诞生于 20 世纪 80 年代，是跨学科、多专业的新兴学科，整体性、系统性强，由于生态环境中的影响要素纷繁复杂，无法形成统一的、定量化、标准化的工程技术措施，因此在工作前期阶段开展整体策划研究尤为重要。

一是树立尊重自然的生态整体设计观。

深刻理解我国正处在高质量发展的新时代，人与自然环境之间是互惠互利的共生关系，廊道景观是我们与其他所有生物所共享的近自然景观，科学地对待当地自然地理美学、历史和农耕传统文化景观价值。

二是从管理学角度组织复杂的生态景观工程设计工作，让党旗在现场高高飘扬。

开展组织架构与团队建设、目标设定、层级分解、过程控制、评估校正、动态调整、协同管理，全过程、全体系、多维度地组织策划方案，保证项目在快速实施过程中的一致性与完整性。

三是畅通信息流在不同接收者之间的传递与转换。

作为总体设计单位需要协调所有廊道内的工程建设成果，所有关联人在共同参与建设，沟通与协调工作极为重要，需要协调不同专业背景，消除学术界限，消除行政决策者、规划者、设计师、学者、工程建设者、当地原住民、从业者之间交流的壁垒。

四是数字技术手段贯穿项目全过程。

技术手段的创新极大地支撑了对复杂生态环境要素多源数据的获取，大数据分析、模拟与仿真应用为方案优化与决策提供了科学分析与实施的工具。

在 2020 年、2021 年新冠肺炎疫情发生阶段正是建设的高峰期，采用信息化手段实现异地协同作业。

前期调研 1

植物采集

前期调研 2

前期调研 3

与农技人员、村民、施工单位等研讨

专家评审

五是科学研究与工程设计同步开展。

在申请获批的省级两个冬奥重点专项课题的支持下，对廊道开展了大范围系统化的数据采集，建立了廊道景观数据库，开发了多源多模数据的融合应用。在廊道中选择湿地附近一片试验观测区，建设了智慧运维管理系统，数据实时传送到云平台，经过反馈分析可实现实时远程控制灌溉养护，开展对后奥运时期的长期跟踪与研究，为构建生物多样性与人因工程角度的多样性景观提供可持续的基础数据与科学评估。

科技冬奥专项

智慧运维系统示范

4.2

施工技术
服务感悟

冬奥项目时间紧、任务重，如何保质保量地按时完成，施工配合阶段的技术服务尤为重要。针对冬奥工程的专业性、综合性，在施工初期，我院多次组织专业负责人对项目管理方、施工单位进行方案详细介绍和施工图节点解析，避免施工人员对图纸的理解偏差造成施工错误。实施期间，选派不同专业的资深设计师对现场进行技术配合、效果把控，并对施工过程中出现的各种问题进行及时指导。

在近 4 年的项目建设过程中，我们遇到的大大小小的困难很多，遇到的最大困难就是多项目交叉施工，需要进行有力的组织协调。道路、河道治理、地下管网、景观绿化等工程同期建设，景观最后要对所有的可视界面进行生态修复。设计前期要对接各工程项目的业主和设计单位，汇总整理道路、供水、污水、电力、通信、水利等项目的资料，这个过程工作量是巨大的，很多时候大家都是平行作业，协调起来很困难。为此，崇礼区政府也多次组织各部门各单位开协调会，帮助解决了一些棘手的问题。

因各项目专业情况复杂，边设计边施工也是经常发生的事。对场地内的临时变动及施工过程中的突发问题，要快速提出与周边环境相融合的设计方案，以保证项目不间断推进。比如在自行车道设计时，团队依据前期汇总的各项目图纸及时出图，但在施工现场放线的时候，发现管廊的很多检查井位置跟之前提供的图纸并不完全一致，很多检查井都是高出地面 1 米多，自行车道只能躲避。面对这样的问题，只能在现场带着仪器重新测绘和选线，项目组会同施工单位在崎岖不平的现场用了整整两天时间走完 18 km。回来又迅速开展内业，根据现场实际调整图纸，以保障项目的顺利实施。

施工现场纪实图

本项目工程量大，建设周期短，最近两年的疫情也对项目进度产生了一定的影响。面对突发疫情、冬季施工等不利因素，大家齐心协力，在坚决做好疫情防控的同时，有序完成项目推进、工程复工。团队积极与施工单位沟通，科学制订工作计划，通过远程指导的方式在线上研究技术方案、指导施工生产，效率得到了保证，最大限度地减少了疫情对工程进度的影响。

在 2022 年北京冬奥会张家口赛区建设现场，76 项涉奥工程及若干项保障工程如火如荼地开展，场面极其震撼，从各级政府主管部门到各参建单位都在以极高的使命感和极大的热情投身冬奥会筹办建设中。能够参与张家口赛区生态环境建设，以实际行动为赛区营造优美的自然环境，让体育设施同自然景观和谐相融，为助力冬奥会筹办贡献中国兵器工业集团的力量，是令人自豪和骄傲的。

本项目于 2021 年 8 月底基本建设完成。冬奥会开幕前，赛区实行闭环管理，团队未能及时拍摄美丽的雪景照片，以飨读者，只能以项目初步建成的夏秋季景观实景图片表达设计理念，展示成果，为广大同行提供参考借鉴。限于水平和时间，不足之处，敬请各位专家、学者批评指正，万分感谢！

建成效果实景图（夏景）

图书在版编目（CIP）数据

　　道法自然 ： 2022 年北京冬奥会张家口赛区生态廊道
景观设计实践与技术应用 / 曹胜昔等著 . -- 天津 ： 天
津大学出版社，2022.5
　　ISBN 978-7-5618-7155-3

　　Ⅰ . ①道… Ⅱ . ①曹… Ⅲ . ①生态环境建设－景观设
计－研究 Ⅳ . ① X171.4

　　中国版本图书馆 CIP 数据核字（2022）第 072766 号

Daofa Ziran:2022 Nian Beijing Dongaohui Zhangjiakou Saiqu
Shengtailangdao Jingguan Sheji Shijian Yu Jishu Yingyong

图书策划　　天津天大乙未文化传播有限公司

出版发行　　天津大学出版社
图书组稿　　韩振平工作室
责任编辑　　朱玉红
封面字画　　曹胜昔
印章篆刻　　尹虎承
文字编辑　　王　妍　杨云鑫
美术编辑　　高婧祎

地　　址　　天津市卫津路 92 号天津大学内（邮编：300072）
电　　话　　发行部 022-27403647
网　　址　　www.tjupress.com.cn
印　　刷　　廊坊市瑞德印刷有限公司
经　　销　　全国各地新华书店
开　　本　　250mm×250mm
印　　张　　15 1/3
字　　数　　200 千
版　　次　　2022 年 5 月第 1 版
印　　次　　2022 年 5 月第 1 次
定　　价　　168.00 元

凡购本书，如有质量问题，请与我社发行部门联系调换
版权所有　侵权必究